七芯光纤微腔传感关键技术

The Key Technology of Seven-Core Fiber Microcavity Sensing

湛玉新 著

化学工业出版社

·北京·

内 容 简 介

本书基于回音壁模式的"纤上实验室"光纤传感器件，以先进的三维双光子飞秒激光直写技术作为制备手段，从高集成度、新型制备技术、新的传感功能及应用三个方面开展相关研究，主要介绍了回音壁模式光学微腔传感基本理论和实现方式、七芯光纤端面双环耦合回音壁模式微腔有机蒸气传感、七芯光纤端面模板辅助自组装回音壁模式微球腔传感特性、七芯光纤端面上双微球腔传感特性。本书对光纤传感技术的发展具有重要的指导意义。

本书适合微腔领域、光纤传感新兴领域、3D光刻技术相关领域、微纳米学领域、光电子器件领域等的研究者与高校师生等阅读参考。

图书在版编目（CIP）数据

七芯光纤微腔传感关键技术/湛玉新著. —北京：化学工业出版社，2024.2

ISBN 978-7-122-44426-4

Ⅰ.①七… Ⅱ.①湛… Ⅲ.①光纤传感器-研究 Ⅳ.①TP212.4

中国国家版本馆CIP数据核字（2023）第213059号

责任编辑：金林茹　　　　　　　　文字编辑：张　宇　袁　宁
责任校对：王鹏飞　　　　　　　　装帧设计：刘丽华

出版发行：化学工业出版社（北京市东城区青年湖南街13号　邮政编码100011）
印　　装：北京科印技术咨询服务有限公司数码印刷分部
710mm×1000mm　1/16　印张9　字数153千字　2024年3月北京第1版第1次印刷

购书咨询：010-64518888　　　　　售后服务：010-64518899
网　　址：http://www.cip.com.cn
凡购买本书，如有缺损质量问题，本社销售中心负责调换。

定　　价：99.00元　　　　　　　　　　　　　　　　版权所有　违者必究

　　经过四十多年的发展，光纤传感技术越来越呈现出纳米技术、材料科学、光子学工程、生命科学等多个学科交叉融合的特征。利用现代先进的微纳技术，多种多样的元件、材料、功能正在被集成于光纤之内（上），实现必要的物理连接和光物质相互作用。光纤上（内）微纳元件、材料和功能的集成度越来越高，使得人们类比于"片上实验室"概念，提出了"纤上实验室"的概念。"纤上实验室"技术成了光纤传感技术领域的一个新的发展方向和一个新兴的研究分支。

　　作为一种具有优异传感性能的光学结构，回音壁模式光学微腔从其较早期的研究开始，就与光纤建立了紧密的联系。

　　随着先进的微纳加工技术的发展，光纤与回音壁模式光学微腔结合方面的研究焕发了生机，研究开发构型独特、集成度高、具有新传感功能和应用的基于回音壁模式的"纤上实验室"光纤传感器件成了关键问题。本书面向这一关键问题，以先进的三维双光子飞秒激光直写技术作为制备手段，从高集成度、新型制备技术、新的传感功能和应用三个方面开展了相关研究，具有重要的理论和实际意义。本书主要内容包括：

　　① 七芯光纤端面双微环耦合腔光子分子结构的构建及在挥发性有机物蒸气传感方面的应用。在本项研究中，提出通过三维层叠堆积的方式在七芯光纤端面上实现回音壁模式光学微腔空间集成度的提高。所堆叠的双微环耦合腔是一种光子分子结构，通过数值模拟研究了该结构的模式劈裂现象，实验上观察到了光子分子的模式劈裂，并表征了对于挥发性有机物蒸气的传感特性。

　　② 七芯光纤端面模板自组装球形回音壁模式微腔传感特性。通过在七芯光纤端面引入聚苯乙烯微球腔，突破了双光子光刻制备技术制备材料单一的限制，突破了光刻胶材料微腔品质因子的限制。在制备工艺上，开发了双光子光刻模板辅助自组装制备技术，在七芯光纤端面上实现了微球的精确组装。进而，聚苯乙烯微球腔的引入带来了更为丰富的物理现象。实验中观测了挥发性有机物分子浸入微球过程中"前沿界面"的动态演变、微球中核壳结构的形成。更为重要的是基于研制的器件观测了聚苯乙烯微球玻璃化转变过程中折射率的分布和演变，并建立了相应的物理模型。这一物理模型对生物传感、聚合物研究领域的参数分析有着重要的意义。

　　③ 七芯光纤端面上双微球耦合腔接触点传感特性。将光纤端面上的模板

辅助自组装微球腔技术进一步推进到双微球耦合腔的实现，在微小的光纤端面上实现了 14 颗微球的高度空间集成。新的结构带来新的功能：双微球耦合腔的接触点兼具纳米狭缝限域，具有对称、反对称模式光场分布局域不同的特点，构成了一个物质聚集并与光场相互作用的特殊点，从而展现出独特的传感性。接触点的独特传感性可以将微腔传感推进到对纳米限域液体的感知。用两种方式在接触点处生成了纳米限域液体，即挥发性有机物在接触点处的毛细凝聚、受热后聚苯乙烯微球接触点处的熔融和熔接。基于回音壁模式光学微腔的高传感灵敏度特性，对两种情况下微量液体的凝聚演化过程进行了观测，揭示了其内在的物理过程。研究表明这种双微球耦合构型可以在纳米尺度观测光与物质的相互作用，可以实现对微纳尺度的微量纳米限域液体的多种物理过程的观测，也为研究高分子材料表面分子流动性提供了有效的手段。

湛玉新

山西工程科技职业大学

第 4 章
七芯光纤端面模
板辅助自组装回
音壁模式微球腔
传感特性

067 ————————

第 5 章
七芯光纤端面上双微球腔传感特性

参考文献

第1章
绪论

如今，人们的生活开始朝着高品质和高质量发展。例如，家庭生活智能化、公共设施更安全和智能、远程医疗、更加智能化的教育设施、智能化工业生产体系等。

智能技术是信息技术的全方位升级，而传感技术是获取信息的前端基础，是信息技术之源[1]。传感技术包含了众多的高新技术，是现代科学技术发展的基础条件。没有传感技术的升级，就没有信息技术的全方位升级，也就没有全方位的智能化。传感器的发展往往会带来该领域内的重大突破。传感器技术在推动社会进步、发展经济方面的重要作用十分明显。由于自然信息具有多样性，获取信息的传感器也必然多种多样，包括各种物理量、化学量或生物量的传感器。智能化时代对传感技术提出的发展要求是灵敏、精确、适应性强、小巧和智能化。

光纤是光纤传感技术的载体，光纤传感器是光纤和光纤传感技术的结合。与传统的各类传感器相比，光纤传感器天然具有微型化、灵活性好的优势，能同时承载传感和传输两大功能，且电绝缘性能好、抗电磁干扰能力强，具有非侵入性、高灵敏度。光纤是一个很好的微型光学操作平台，它具有灵活度高、体积小、携带方便、损耗低、集成度高等特性。光纤以其承载光信号的完美方式，在社会科技的发展中占据着重要的位置。

将先进的微纳加工技术、新颖的微纳光学元件与光纤结合，是当前光纤传感技术发展、开发探针式光纤传感器件的一种重要途径，也是融入智能化时代的重要方式。本书作者团队正是基于科技发展趋势，选择多芯光纤端面耦合微腔传感作为研究课题，致力于开发能够满足高质量发展要求的新型光纤传感技术。

1.1 "纤上实验室"概述

"纤上实验室"技术[2]是光纤传感领域中一个新兴的研究方向，是类比于"片上实验室"提出的一个概念。其内涵是以光纤为平台，利用现代先进的微纳技术，将多种多样的元件、材料、功能集成于光纤之内（上），提供必要的物理连接和光物质相互作用的一类技术的统称，是先进微纳技术与传统光纤传感技术的结合，是光纤传感技术的一个新的发展方式。新特性和功能的增加至少涉及纳米技术、材料科学、光子学工程三个学科的交叉融合。

光纤传感的概念早在 1977 年就被提出[3]，40 多年来，光纤传感获得了巨大的发展和进步，新的测量模式不断涌现。早期，光纤传感领域的研究重点主要集中在光纤外部相关器件和组件，这些光学元件包括光源、调制器、偏振器、光探测器。现如今，市场对具有先进性能、高集成度和多功能的器件的需求越来越大，使得人们把研究的重点聚焦在了光纤内（上），通过将先进的微纳米级功能材料集成到光纤内（上）来开发全光纤的组件和器件。整个传感过程发生在光纤内部，或者发生在与光纤完全集成的结构中，整个光谱分析、实验操作都在光纤内（上）完成，传感结构规模大小可与光纤纤芯的直径相媲美，"纤上实验室"技术应运而生。"纤上实验室"技术的创新为基于光纤的多功能传感和驱动系统的创建开辟了道路，与传统技术相比，具有更高的性能和更多的功能。例如，得益于光路与复杂光源系统以及复杂的远程测量设备更容易连接，新型光纤纳米探针可以方便地与微流体芯片集成在一起，推进"片上实验室"的发展。

从传感结构与光纤的空间结合角度来说，"纤上实验室"技术实现的主要方式可以分为三种，如图 1-1 所示。第一种是将光纤端面看作一个小型的实验技术平台，在这个平台上，可以通过精密的纳米光刻技术在光纤的端面制造，来搭建复杂的传感结构。第二种是光纤本身可以制作成各种各样的微结构，传感结构位于光纤内部，传感过程沿着光纤发生，使得透过光纤的透射光和/或后向散射光谱特性发生变化，以响应传感刺激，在这些结构中可以实现多种多样的有趣的传感方式。第三种是传感结构位于光纤周围的方式。

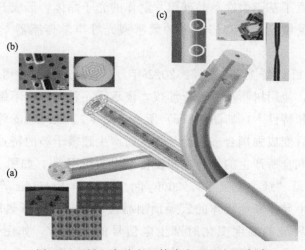

图 1-1　"纤上实验室"技术实现的主要方式

（a）光纤端面"纤上实验室"；（b）光纤内部"纤上实验室"；（c）光纤周围"纤上实验室"[2]

经过几十年的发展，"纤上实验室"技术已经呈现出丰富多样的繁荣景象，相关研究学者分别从不同方面对该领域进行了综述。例如，Andrea Cusano 等人在 2015 年的著作 *Lab-on-fiber Technology* 中对该领域做了详细全面的综述[4]；2015 年 Armando Ricciardi 等人关于"纤上实验室"的化学和生物传感的综述[5]，2016 年 Patrizio Vaiano 等人关于"纤上实验室"的生物传感应用的综述[2]，2020 年 Qi Wang 等人关于"纤上实验室"的等离子体纳米阵列传感的综述[6]，都对"纤上实验室"相关领域做了详细的介绍。

接下来从光纤种类、传感机制、材料构成、应用场景、实现方式五个方面对"纤上实验室"的研究进行一定的梳理。实际上由于"纤上实验室"技术的多交叉学科特性，很多时候工作中同时包括了上述五个方面，可以归到不同的类别里面。

(1) 不同光纤种类的"纤上实验室"

事实上每一种光纤都可以用来实现"纤上实验室"。迄今为止，光纤的种类已经发展得非常丰富，如图 1-2 所示。从模式上来说有单模光纤和多模光纤；从纤芯数量上来说有单芯光纤和多芯光纤；从尺寸上来说有普通光纤和微纳光纤；从构成方式上来说有普通光纤和光子晶体光纤；从材料上来说有普通石英光纤和特种材料光纤；等等。

① 单模光纤"纤上实验室"。2009 年，Zhiwei Li 等人在直径为 $125\mu m$ 的单模光纤柱面上通过纳米印迹-软光刻混合技术成功地刻印了间距为 200nm 的光栅[7]，如图 1-2(a) 所示。2012 年，Onur Can Akkaya 等人在单模光纤的金属化端附近放置了基于柔性单晶硅膜片制作的光子晶体，形成 F-P 腔，这是一种热稳定、高灵敏度、高动态范围的紧密型光纤声学传感器[8]，如图 1-2(b) 所示。

② 多芯光纤"纤上实验室"。2022 年，Oliveira 等人使用多芯光纤构建"纤上实验室"，使用树脂基 F-P 干涉仪，演示了一种对温度不敏感的二维曲率传感器的制作和特性[9]，如图 1-2(d) 所示。同年，Yan Dong 等人利用弱耦合多芯光纤拉锥后变成强耦合多芯光纤，从而产生超模干涉的特点，研究了锥形多芯光纤模间耦合所产生的干涉在温度传感中的应用[10]，如图 1-2(e) 所示。

③ 微纳光纤"纤上实验室"。2006 年，Mehmet Bayindir 等人提出了一种将含有导体、半导体和绝缘体的宏观预制品拉伸成超长光纤热敏电阻的工艺，设计了当周围环境的温度变化时产生电信号的光纤[11]，如图 1-2(h) 所示。2009 年，Fabien Sorin 等人在单一的光纤上成功地制造了一个 8 个器件级联的光电光纤结构，展示了一个串联排列的亚波长光探测装置集成，对周围环境进

行成像[12]，如图 1-2(k) 所示。2010 年，Yi-huai Chen 等人运用二氧化硅光纤中提取的微纳米光纤，展示了一种全光纤高品质因子马赫-曾德尔干涉仪耦合微结谐振器结构，可实现一系列集成的全光纤器件[13]，如图 1-2(f) 所示。2012 年，Pan Wang 等人发布了一种单轴取向嵌入金纳米棒的聚合物纳米光纤，用于光波导和传感领域[14]，如图 1-2(c) 所示。同年，Xiaoying He 等人在超细光纤表面采用高温加热的方法将氧化石墨烯膜还原在其上，与超细光纤的强倏逝场相互作用，用于激光延长[15]，如图 1-2(g) 所示。

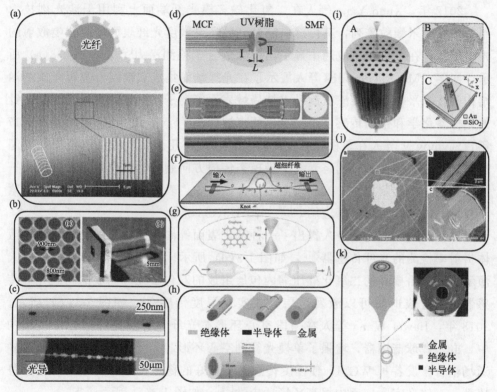

图 1-2　不同光纤种类的"纤上实验室"

（a），（b）单模光纤"纤上实验室"；（c），（f）～（h），（k）微纳光纤"纤上实验室"；（d），（e）多芯光纤"纤上实验室"；（i）光子晶体光纤"纤上实验室"；（j）特种材料光纤"纤上实验室"

④ 光子晶体光纤"纤上实验室"。2019 年，Jingyi Yang 等人在大模式区域光子晶体光纤端面直接绘制了超薄光学超构圆孔阵列纯硅透镜，使光聚焦在电信体制，可在光学成像、传感和光纤激光设计中有新的应用[16]，如图 1-2(i) 所示。

⑤ 特种材料光纤"纤上实验室"。2004 年，Mehmet Bayindir 等人利用导

体、半导体和绝缘材料亲密接触和形成各种几何形状的方法构建了中空多层光子带隙光纤，用于可调谐的光纤光电探测器[17]，如图 1-2(j) 所示。

(2) 不同传感机制的"纤上实验室"

"纤上实验室"的传感对象发展得越来越广泛多样，就必然对传感机制提出多种多样的要求。例如，马赫-曾德尔干涉仪[13]［图 1-2(f)］、F-P 腔传感机制[8]［图 1-2(b)］，以及下文中将要提到的局域表面等离子体传感机制、拉曼散射、布拉格光栅、倏逝波和回音壁模式等，如图 1-3 所示。

2012 年，Xuan Yang 等人在二氧化硅多模光纤端面上利用干涉光刻技术制备了银纳米颗粒阵列，其传感机制是一种高灵敏度光纤表面增强拉曼散射的光学探针，在各种传感应用中显示出巨大的分子检测潜力[18]，如图 1-3(a) 所示。同年，Marco Consales 等人展示了在光纤端面集成二维混合金属介质纳米结构的技术平台，其传感机制是支持局域表面等离子体共振，可用于光学探针的无标签化学和生物传感以及麦克风的声波探测[19]，如图 1-3(b) 所示。2017 年，Savinov V 等人在单模光纤上制作了厚度只有几十纳米的亚波长周期的超材料硅光栅，其传感机制是光纤中沿模态传播方向制作的布拉格光栅，这是一种有效的色散控制技术，光纤端面上的薄硅层中，表现出透射共振，可用于紧凑互连、色散补偿和传感应用[20]，如图 1-3(c) 所示。

2006 年，Zeng Jie 等人提出了一种基于表面等离子体共振现象的可用于液体折射率检测的光纤传感器[21]，如图 1-3(d) 所示。2011 年，Zhou Ting 等人演示了一种由掺硼的二氧化硅压缩内包层组成的双包层光纤制成的高温光纤传感器，通过倏逝波可以激发包层模式实现温度传感[22]，如图 1-3(e) 所示。2018 年，Jiawei Wang 等人在一段空心环形芯光纤与单模光纤融合拼接结构中，嵌入微球谐振器，增强了单模光纤到空心环形芯光纤的耦合效率，通过倏逝场耦合激发各种 WGM，使温度传感具有良好的稳定性，且由于其简单和鲁棒性，有望在实际应用中提高环境适应性[23]，如图 1-3(f) 所示。

(3) 不同材料构成的"纤上实验室"

不同材料构成的"纤上实验室"，如图 1-4 所示。

2008 年，Jesus M. Corres 等人提出了一种基于超亲水 SiO_2 纳米颗粒涂层的新型光纤湿度传感器，可用于监测人类呼吸[24]，如图 1-4(a) 所示。2011 年，Gary Shambat 等人通过环氧基方法成功转移半导体光子晶体腔（GaAs 腔和 Si 腔）到单模光纤端面上，为光子晶体腔与宏观光学的集成提供了一个实用的机械稳定平台，有助于光纤耦合腔器件的研究[25]，如图 1-4(c) 所示。

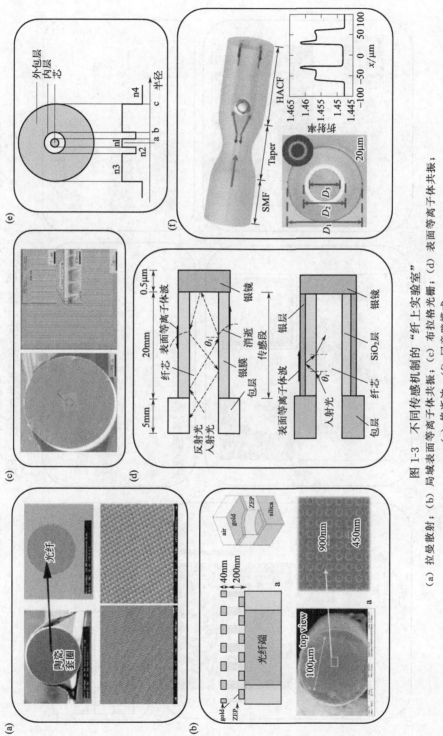

图 1-3 不同传感机制的 "纤上实验室"

(a) 拉曼散射；(b) 局域表面等离子体共振；(c) 布拉格光栅；(d) 表面等离子体共振；

(e) 倏逝波；(f) 回音壁模式

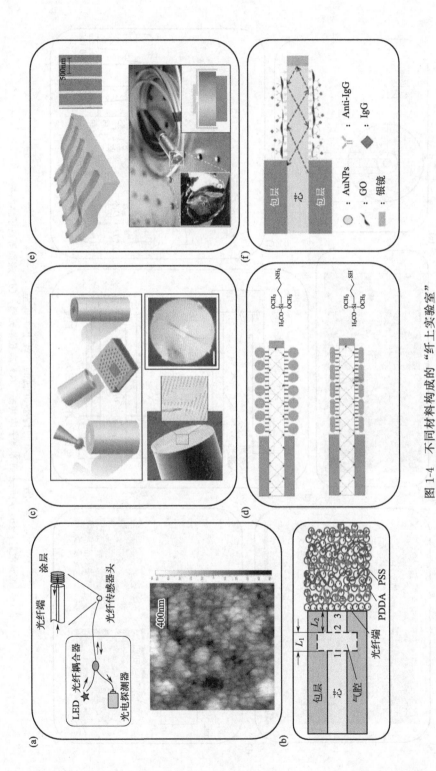

图 1-4 不同材料构成的"纤上实验室"

(a) SiO₂ 纳米颗粒涂层；(b) 聚电解质多层超薄膜；(c) 金光栅膜；(d) 金纳米棒和金纳米微球涂层；
(e) 半导体材料；(f) 氧化石墨烯和金纳米颗粒纳米复合膜

2013 年，Peter Reader-Harris 等人在准直光纤端面上安装了一种基于导模共振的柔性金光栅光学滤波器，成功实现了波长滤波[26]，如图 1-4(e) 所示。同年，Mingshun Jiang 等人研制了由聚电解质多层膜制成的用于原位折射率测量的薄膜 F-P 光纤尖端传感器，研究了外部折射率变化的光响应，在化学和生物分子的检测和传感方面具有很大的潜力[27]，如图 1-4(b) 所示。Jie Cao 等人利用金纳米微球和金纳米棒在多模光纤上研制了两种基于局域表面等离子体共振的生物传感器[28]，如图 1-4(d) 所示。2022 年，Hsueh-Tao Chou 等人依次修饰金纳米颗粒和氧化石墨烯，采用自组装方法在多模光纤上形成了纳米复合膜，制成了一种基于反射型局域表面等离子体共振的光纤生物传感器，用于小鼠 IgG 检测等[29]，如图 1-4(f) 所示。

（4）不同应用场景的"纤上实验室"

"纤上实验室"被广泛地应用于不同的场景，比如各种类型的生物检测、多种光镊应用、重要性气体检测等，如图 1-5 所示。

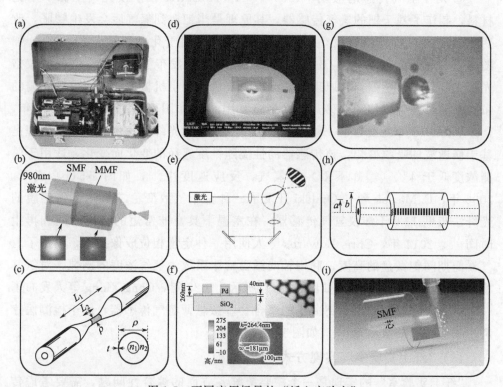

图 1-5　不同应用场景的"纤上实验室"

（a）生物检测应用；（b），（d），（g）光镊应用；（c），（e），（f），（h），（i）氢气传感应用

① 对于生物检测的应用。2005 年，Joel P. Golden 等人依靠光纤探针制成了现场使用的便携阵列生物传感器，对含有卵清蛋白和葡萄球菌肠毒素 B 的样品进行了自动检测，证明了该生物传感器的检测和定量能力[30]，如图 1-5（a）所示。

② 对于光镊的应用。2006 年，S. Cabrini 等人直接在光纤劈裂端制作微透镜，通过聚焦离子束铣削工艺，获得了高效的光镊，使得大量生物体内应用成为可能[31]，如图 1-5(d) 所示。2012 年，Yu Zhang 等人利用多芯光纤（两芯光纤、三芯光纤、四芯光纤）提出了一种新型的非接触式多芯光纤光镊方法，可以实现微粒子的远距离非接触式捕获[32]，如图 1-5（g）所示。2021 年，Zhihai Liu 等人提出并演示了一种基于单模光纤和多模光纤焊接式的全光纤结构，以激发类贝塞尔光束的新型光聚合物光纤光镊，该光镊探头可实现三维光阱。类贝塞尔光束由光纤激发，通过改变多模光纤长度，改变了类贝塞尔光束的光场分布，提高了光聚合物光纤光镊的实用性[33]，如图 1-5(b) 所示。

③ 对于氢气传感的应用。1984 年，M. A. Butler 在单模光纤上涂一层钯材料，制作了基于钯的氢气传感器，其原理是当钯遇到氢气后会发生膨胀，改变了光纤的有效光路长度，这种传感器也可应用于化学物质的检测[34]，如图 1-5(e) 所示。1999 年，Boonsong Sutapun 等人发布了一种钯涂层的布拉格光栅光纤氢气传感器，其原理是钯涂层吸收氢气产生机械应力，使光纤光栅的布拉格波长发生拉伸和偏移，可以多路复用[35]，如图 1-5(h) 所示。2005 年，Joel Villatoro 等人发布了一种镀钯的、多模的锥形光纤氢气传感器，其原理是基于倏逝波的吸收变化。该传感器的性能随锥度直径的变化而变化，适用于监测浓度低于 4%（爆炸下限）的氢气，反应速度快[36]，如图 1-5（c）所示。2006 年，E. Maciak 和 Z. Opilski 开发了一种基于气致变色二氧化钛传感膜的光纤法布里-珀罗干涉仪氢气传感器，在室温下具有非常短的响应时间和再生时间[37]。2014 年，Chris Edwards 等人使用一种定量相位成像技术，测量了氢气暴露期间钯微盘的高度，利用轴向微盘膨胀系数为氢气浓度的函数，对氢气检测进行了定量分析[38]，如图 1-5(f) 所示。2020 年，Cong Xiong 等人发布了一种位于光纤末端的覆盖钯薄膜的聚合物基微悬臂氢气传感器，用于检测医疗和生物应用中的氢浓度[39]，如图 1-5(i) 所示。

（5）"纤上实验室"实现方式

"纤上实验室"的实现是一个需要统筹各方面的综合性问题，需要考虑传感对象、传感机制、材料选取、制备方法、光路搭建等问题。可以这样说，传感对象不同，往往导致后续各个方面都不同，所以实现方式就会各不相同。随着器件越来越小型化、材料越来越多样化，对微纳制备技术的多样化也提出了要求。因此，"纤上实验室"的实现对象丰富、材料范围广泛、传感机制和制备技术多样。

"纤上实验室"的实现方式，必然也是随着材料研究、微纳制备技术的发展不断发展改进的。早期，微纳加工技术依赖于非常锋利的刀具和红宝石掩模板，与此对应的就是机械加工实现方式；随后电子束光刻[40,41]和离子束刻蚀[42,43]等技术的出现，使得在光纤上加工微纳结构成为可能；而纳米压印[44~46]方法的出现为"纤上实验室"的批量化生产提供了思路，如图 1-6所示。

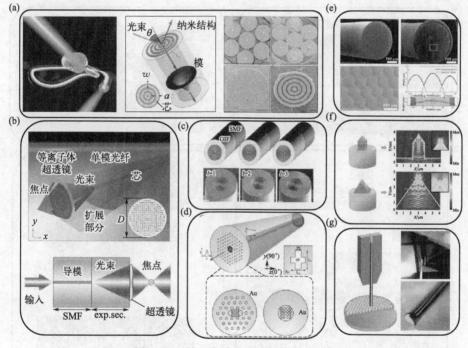

图 1-6 "纤上实验室"实现方法（一）

（a），（b）电子束光刻；（c），（d）离子束刻蚀；（e）～（g）纳米压印

最近十几年，双光子光刻技术成为"纤上实验室"平台制备微纳结构的重要手段之一，如图 1-7 所示。2018 年，Maura Power 等人在单模光纤端面上使用双光子聚合制作了夹持器，可用于研究生物微结构[47]，如图 1-7(a) 所示。2019 年，Koen Vanmol 等人在单模光纤端面利用双光子激光直写技术制作了一种空气包层的锥形结构，在物理接触扩展束连接器中，将单模光纤的基模绝热传输到三倍大的模场区域[48]，如图 1-7(b) 所示。2020 年，Jian Yu 等人在

复合光纤微结构的端面利用飞秒激光双光子聚合技术制作了一种紧凑的全光纤聚焦涡旋光束发生器，该发生器可能在光纤光学扳手、全光纤受激发射耗尽显微镜或轨道角动量光纤通信中有潜在的应用，具有良好的抗干扰能力和长期稳定性[49]，如图 1-7(d) 所示。2021 年，Felix Glöckler 等人在十九根单模光纤束的每根光纤端面上用双光子聚合技术印刷了多通道光纤开关[50]，如图 1-7(c) 所示。2021 年，Wisnu Hadibrata 等人在单模光纤端面利用双光子聚合三维激光直写技术，制备了圆形光栅结构，设计了一种超构透镜[51]。2022 年，Willi G. Mantei 等人在多芯光纤端面利用双光子聚合技术制备 3D 成像内窥镜，结合衍射光学元件，可以在测量中考虑相位和强度，从而实现 3D 成像[52]。

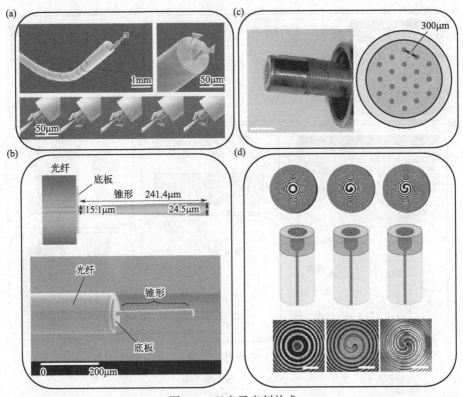

图 1-7　双光子光刻技术

　　单一的制备技术往往难以完全满足"纤上实验室"的实现，很多时候需要将多种技术结合起来，如图 1-8 所示。2009 年，Stijn Scheerlinck 等人利用一种基于紫外光刻和纳米压印转移相结合的技术，实现了在光纤端面上制作金属光栅[53]，如图 1-8(a) 所示。Marco Pisco 等人在 2012 年[54] 和 2013 年[55] 通过呼吸图形技术和自组装技术在单模光纤端面制造金属介电纳米结构，该方法

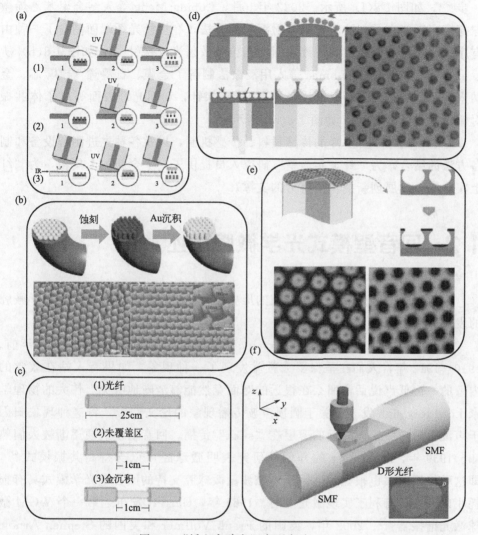

图 1-8 "纤上实验室"实现方法（二）

（a）基于 UV 光刻和纳米压印转移技术的结合；（b）基于反应离子刻蚀和金属溅射沉积技术的结合；

（c）基于拼接和沉积技术的结合；（d），（e）基于呼吸图形技术和自组装技术的结合；

（f）基于拼接和飞秒激光微加工技术的结合

适用于大规模生产先进的纳米结构传感器器件，如图 1-8（e）和（d）所示。
2015 年，Leilei Shi 等人结合了光纤拼接技术和飞秒激光微加工技术，在"单
模光纤-D 形光纤-单模光纤"的融合拼接结构中，用飞秒激光微加工技术在中
间段的 D 形光纤包层上制备了圆柱形 WGM 谐振腔，详细研究了该谐振器的
谐振特性和偏振依赖性，这一方法促使 WGM 谐振器在集成方面向前迈进了

一步[56]，如图 1-8(f) 所示。2022 年 1 月，Luping Meng 等人结合聚苯乙烯微球掩模、反应离子刻蚀和金属溅射沉积的方法，在多模光纤端面制备了一种由有序的纳米柱阵列组成的三维表面增强拉曼散射光纤探针[57]，如图 1-8(b) 所示。同年，Mahmoud Gomaa 等人用浸涂法制备了金膜、石墨烯/金膜/芯、金纳米粒子/芯和石墨烯/金纳米粒子/芯传感探针，利用光纤表面等离子体共振对铅离子进行检测[58]，如图 1-8(c) 所示。

综上所述，多种多样的传感材料、传感机制，以及各种先进制备设备和制备方法的结合，为"纤上实验室"研究人员提供了一个全新的工具箱，为"纤上实验室"发展创新提供了有力的支撑。

1.2 回音壁模式光学微腔概述

本节回顾回音壁模式光学微腔的历史，介绍近几年来回音壁模式光学微腔的发展和应用现状。

回音壁模式（whispering gallery modes，WGM）可以追溯到一百多年前。1910—1912 年，人们在圣保罗大教堂发现了一种现象，如果有人站在教堂的内壁的一边低声说话，那么在很远的对面竟然能够清晰地听见。伟大的物理学家 Lord Rayleigh 发表了关于圆顶声波传播现象的论文[59,60]，将这种现象归因于声波沿着弯曲壁面附近的薄层在"stick"传播，回音壁模式便逐渐被人们熟知。1939 年，Richtmyer 的开创性研究表明微球腔可以支持高共振模式[61]，即这种传播模式也被证明适用于电磁波。微球腔支持的回音壁光学模式具有损耗小的特点，有利于实现激光发射。1961 年，Garrett 发布了第一个 WGM 微球激光谐振器[62]。2002 年，英国的 Frank Vollmer 和美国的 Stephen Arnold 研究组第一次开发了光学回音壁模式微腔传感器，用于水溶液中蛋白质传感，开创了回音壁模式微腔传感研究领域。随后，该领域吸引了大量研究者的兴趣，各种腔形、各种材料的微腔相继被报道。到目前为止，回音壁模式微腔的几何构型很多，如图 1-9 所示，包括微球形[63]、微环形[64]（包括轮胎形微环[65]）、微盘形[66]、轮胎形微盘[67]、圆柱形[68]、圆筒形[69]、微瓶形[70]、微泡形[71,72] 和半球形[73,74] 等。

不同几何形状的 WGM 微腔针对不同应用场景表现出不同的性能，如图 1-10 所示。2018 年，Zhang Zhang 等人利用自组装方法，研制出了具有超光滑表面的 SU-8 WGM 光学半球微腔，在超灵敏传感器和微激光领域具有广

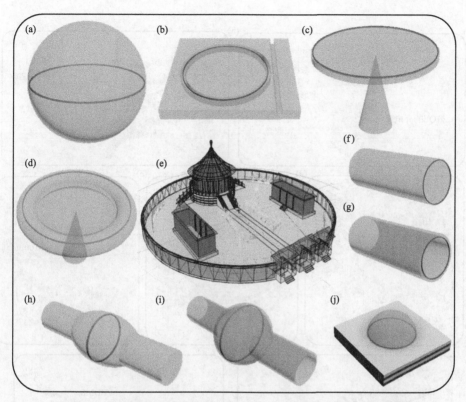

图 1-9　不同形状的回音壁模式微腔[75]（黑色线为微腔主要光路）
（a）微球形；（b）微环形；（c）微盘形；（d）轮胎形微盘；（e）天坛圆顶；（f）圆柱形；
（g）圆筒形；（h）微瓶形；（i）微泡形；（j）半球形

阔的应用前景[76]，如图 1-10（g）所示。2019 年，Mengyu Wang 等人设计了一种微毛细管微腔，通过改变微腔与波导之间的间隙和耦合位置来实现 WGM和法诺共振的选择性激发，用于微流体传感[77]，如图 1-10（c）所示。同年 4月，Zhihe Guo 等人提出了一种基于外参考光流控二氧化硅微泡微腔传感系统，用于生物分子检测。该系统具有良好的长期稳定性和低噪声[78]，如图 1-10（e）所示。同年 6 月，Yuanlin Zheng 等人展示了在一个双层垂直堆叠的铌酸锂薄膜晶体微盘的纳米空气隙中高度定位的 WGM，有望用于光学传感、非线性光学和光力等各种应用[79]，如图 1-10（d）所示。2021 年，Yu EGeints 等人介绍了一种基于介质微球中的 WGM 的新型微型压力传感器，其WGM 的激发是通过光辐射与微球的自由空间耦合来实现的，该微球放置在柔性反射膜附近，作为环境压力传感元[80]，如图 1-10（a）所示。2022 年，Chengzhi Qin 等人通过在具有不同边界拓扑的微环谐振器阵列中引入规流偏

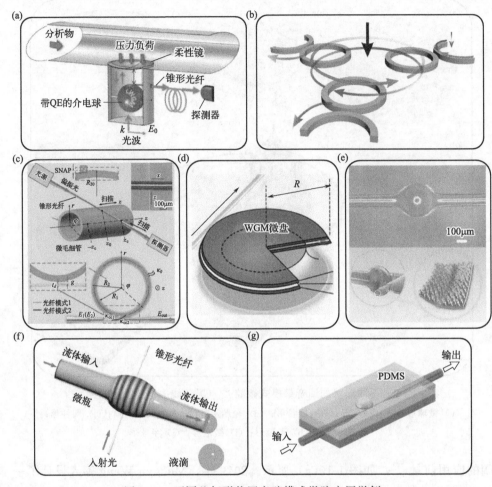

图 1-10 不同几何形状回音壁模式微腔应用举例

（a）微球回音壁模式微腔；（b）微环回音壁模式微腔；（c）微毛细管回音壁模式微腔；

（d）微盘回音壁模式微腔；（e）微气泡回音壁模式微腔；（f）微瓶回音壁模式；

（g）微半球回音壁模式微腔

置，建立了一种新的伪自旋轨道耦合框架，实现了自旋锁定手性光路径效应。作为两个伪自旋的微环谐振器具有反循环 WGM，是一种很有前途的自旋光控制器件，可能在自旋解析的片上光通信网络、互联和信号处理中得到应用[81]，如图 1-10（b）所示。同年 3 月，Zijie Wang 等人提出了一种用于产生悬垂液滴的光流控微瓶谐振器，其最大质量与液体表面张力有关，随着悬垂液滴的增大，液滴所受重力的增加导致了锥形光纤和其之间耦合间隙和压缩力的减小，导致了共振波长的偏移。该方案为液滴产生和流体特性表征提供了新的思路[82]，如图 1-10(f) 所示。每种 WGM 光学微腔都有各自的相对优点，可根据应用场景的不同，选择更加适合性能的微腔，有助于光场的合理利用、品质的提高，以及微腔的相对功能和性能的凸显。

对于不同材料的 WGM 微腔的发展和应用现状举例，如图 1-11 所示。2017 年，M. Eryürek 等人介绍了一种基于 SU-8 聚合物微盘和波导的单步 UV 光刻集成光学湿度传感器，通过记录微盘 WGM 的光谱位移，实现湿度传感[83]，如图 1-11(g) 所示。2020 年，Yilun Liu 等人研究了磁性液体渗透二氧化硅毛细管微泡谐振器 WGM 的双向调谐机制，且有高品质因子、易于制作和与功能材料良好兼容等优点，在磁场矢量传感和磁操纵微光学器件领域具有广阔的应用前景[84]，如图 1-11(e) 所示。2021 年，Mohd Narizee Mohd Nasir 等人研究了部分涂有金属薄膜的 WGM 光学微瓶谐振器的激发特性[85]，如图 1-11(f) 所示。同年 7 月，Mohd Hafiz Jali 等人提出了一种将单模光纤产生

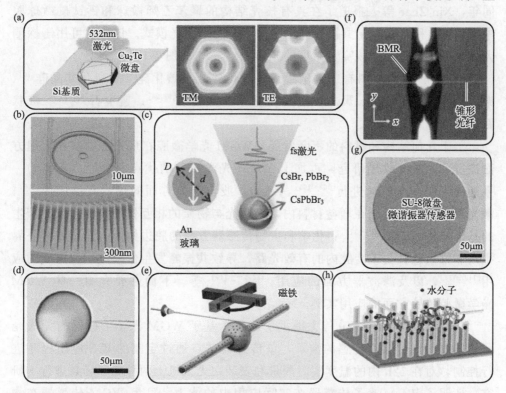

图 1-11　不同材料的 WGM 微腔

（a）Cu₂Te 微盘腔；（b）Si₃N₄ 环形腔；（c）核壳结构的聚苯乙烯微球和钙钛矿微球腔；

（d）油滴微腔；（e）二氧化硅毛细管微泡腔；（f）涂有金属薄膜的微瓶腔；

（g）SU-8 聚合物微盘；（h）单模光纤所制微球腔

的微球谐振器集成到氧化锌纳米棒镀膜玻璃表面的湿度传感器，在湿度传感应用中得到了非常好的实验结果[86]，如图 1-11（h）所示。2022 年，Xiyuan Lu 等人介绍了一个微齿轮光子晶体 Si_3N_4 环形腔，将光子晶体和 WGM 的概念结合在一起，在保证环的高品质因子前提下，打开了一个大的光子晶体带隙，为广泛的光子学应用提供了一个令人兴奋的平台，包括传感/计量学、非线性光学和腔量子电动力学[87]，如图 1-11（b）所示。同年，Qiuguo Li 等人采用化学气相沉积方法制备了六边形 Cu_2Te 微盘。同时，Cu_2Te 微盘作为表面增强拉曼散射的理想平台，消除了贵金属基板的缺陷，是一种用于红色激光和低成本非金属表面增强拉曼散射基板的高效微腔，在光子学和芳香族分子生物学检测方面具有广阔的应用前景[88]，如图 1-11（a）所示。同年，Gregor Pirnat 等人使玻璃微毛细管末端产生微油滴，油滴内的高品质因子 WGM 可以对油滴的属性（体积、大小、折射率等）进行纳米级的监测[89]，如图 1-11（d）所示。同年，Xin Zhao 等人报道了在具有核壳结构的聚苯乙烯微球和钙钛矿微球腔中，WGM 和高阶 Mie 共振之间的干涉会激发杂化光模式。该特性可用于探测大气中的水蒸气，实现高灵敏度的光学传感[90]，如图 1-11（c）所示。

其他的一些新材料有二氧化钛[91]、氮化硅[92]、碳化硅[93]、氢化非晶硅[94]、聚甲基丙烯酸甲酯[95]、聚二甲基硅氧烷[96]、氟化镁[97,98]、蓝宝石[99,100]、液状石蜡油液滴[101,102] 等。

基于几何结构和材料的不断发展，WGM 光学微腔在理论、制造和应用方面进行着大量的改进研究，再加上 WGM 光学微腔的优点和性能，新型的一系列的工作在不断地进行[103~105]，例如：波长调谐方面的热光开关应用[106]；激光器方面的光封闭在增益材料内，增强光与物质的相互作用，作为激光产生的基本元件的应用[107~118]；化学和生物传感器方面的腔边界处的倏逝波对外界扰动非常敏感，会改变腔内的有效光路，导致共振峰发生位移/展宽/劈裂的应用[119~134]；以及滤波器方面的应用；[122,135~140] 等。下面主要介绍一些 WGM 光学微腔传感方面的应用实例。

2018 年，Xiangyi Xu 等人提供了第一个基于 WGM 光学谐振器的无线光子传感器节点对温度传感的演示，该传感器节点通过定制的 iOS 应用程序进行控制，对在 12h 内的温度实时测量和安装在无人机上两种实际场景进行了研究，证明了 WGM 光子传感器在实际应用中的能力，可为 WGM 传感器在物联网中的大规模部署铺平道路[141]，如图 1-12（a）所示。2019 年，Yanan Zhang 等人采用一种简单的封装方案，制作了一种光纤耦合的 WGM 微球谐振器，研究了其对体折射率和温度的响应。这是 WGM 微球谐振器首次用于声

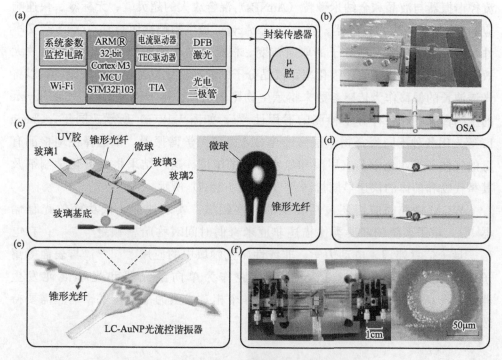

图 1-12　WGM 光学微腔传感应用实例

（a）基于 WGM 温度传感器；（b）基于 WGM 多功能传感器（折射率、温度和声音强度）；（c）基于
WGM 磁场传感器；（d）基于 WGM 湿度传感器；（e）基于 WGM DNAzyme 生物传感器；
（f）基于 WGM 气体传感器

音强度传感，可以扩大 WGM 传感器的应用领域，并可用于噪声监测，以提高
环境保护[142]，如图 1-12（b）所示。2020 年，Yanan Zhang 等人提出了一种基
于磁流体渗透环形 WGM 谐振器的高灵敏度磁场传感器。该谐振器由一根具
有腐蚀性的空心光纤和一根可产生 WGM 共振谱的锥形光纤连接在一起制成。
其对介质折射率敏感，且与介质的壁厚有关。它同时实现了空心光纤与锥形光
纤的耦合和封装，使传感器具有鲁棒性和便携性。当磁场在 HCF 中浸润时，
由于磁场的折射率随外加磁场的变化而变化，WGM 谐振谷随磁场的函数发生
波长偏移，该原理可用于磁场传感[143]，如图 1-12（c）所示。2021 年，Jing
Yan 等人提出并演示了一种带 L 形微腔的 WGM 微腔湿度传感器：采用飞秒
激光微加工、熔融放电和化学蚀刻等方法制备了 L 形微腔，在微腔中放置两个
微球，一个作为 WGM 谐振腔，另一个通过改变光路来激活 WGM 共振。他们所
提出的 WGM 谐振器传感器具有全光纤结构，有利于器件小型化和光电子集
成[144]，如图 1-12（d）所示。2022 年，Ziyihui Wang 等人提出一种基于 WGM 光

流控谐振器与液晶和金纳米颗粒（AuNPs）混合放大的超灵敏、无标签、快速响应的 DNAzyme 生物传感器。当一个 DNAzyme 被生物靶标切割时，DNA 杂交事件被触发，将导致液晶分子的取向转变。根据金纳米颗粒干扰引起的四倍放大效应、黏附生物分子的超极化率、液晶分子的取向变化以及 WGM 共振，可以将光谱波长的偏移作为传感参数来指示生物靶的信息。本节提到的基于 DNAzyme 的生物传感器对各种分子检测的适用性[145]，如图 1-12(e) 所示。同年，Cheng Li 等人用各种不同聚合物涂层修饰 WGM 微环光学谐振器，来选择性地检测有毒的气体和工业化学品（甲醛和氨水等）的浓度。这一结果将促进化学制剂及其替代物和前体的快速早期检测[146]，如图 1-12(f) 所示。

WGM 微腔的应用还包括其他的一些领域：实现快速、低功耗的光存储器[147]；量子系统的经典类比描述非厄米奇偶时间对称哈密顿量[148~150]；在电信、量子信息处理、电动力学、非线性研究领域中的应用[151~154]；与表面等离子体激元的结合[155~160]；以及变形微腔作为单向激光器和光学混沌发生器[161~165]；等等。WGM 微腔即使作为一个相对成熟的平台技术，仍然需要持续的创新和发展。

1.3　光纤端面上回音壁模式微腔研究现状

实际上，光纤端面上的回音壁模式微腔方面的研究属于光纤传感的一个小分支，是"纤上实验室"技术领域中的一个研究课题。它兼具光纤和回音壁模式微腔两方面的优势，是本书的研究重点，所以本节单独阐述。

微腔光学研究领域中微腔模式的三种基本激发方式中，有两种都采用了光纤。另一方面，将光纤的末梢加热熔融是最早的至今依然被普遍采用的一种制造微腔的方法，是光纤和 WGM 微腔的结合，是开发高性能"纤上实验室"器件的一个途径。随着微纳加工技术的发展，通过端面方式实现光纤与微腔的结合获得了更多的实现途径。下面为光纤端面上 WGM 光学微腔应用的国内外现状。

2013 年，Yanyan Zhou 等人在单模光纤端面上证明了金属光栅与微球谐振器 WGM 之间的强耦合，以及金属光栅与微球谐振器形成了一个法诺共振，这一系统为 WGM 和法诺共振的垂直耦合混合系统，为高品质因子的 WGM 谐振器的传感、开关、滤波以及非线性光学器件提供了研究基础[166]，如图 1-13(a) 所示。

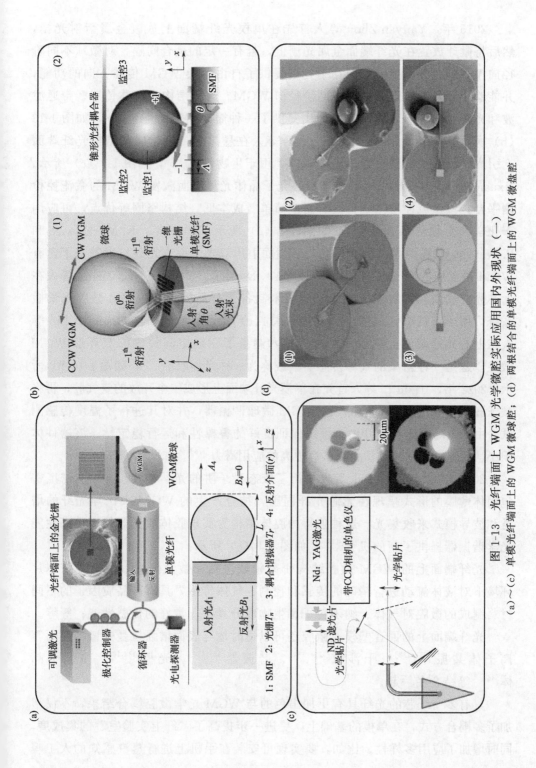

图 1-13 光纤端面上 WGM 光学微腔实际应用国内外现状（一）

(a)～(c) 单模光纤端面上的 WGM 微球腔；(d) 两根结合的单模光纤端面上的 WGM 微盘腔

2015 年，Yanyan Zhou 等人首先在单模光纤端面上蒸镀金属衍射光栅，然后将微球放置在光纤端面金属光栅上，且有一定的耦合间隔，对微球不同阶径向 WGM 可控激发。金属衍射光栅提供了自由切换 WGM 传播方向的功能，并能够选择性地增强或抑制不同阶径向 WGM。这种结构为液体传感、带通滤波和光纤激光器等各种 WGM 应用提供了一种简单实用的配置[167]，如图 1-13 (b) 所示。同年，Alexandre François 等人在悬浮芯二氧化硅微结构光纤端面上引入染料掺杂的聚合物 WGM 微球，用于生物传感[168]，如图 1-13 (c) 所示。Jixuan Wu 等人提出了一种基于空心光子晶体光纤端面激发 WGM 的微流控检测平台，该微流控检测平台具有制造简单、成本低、结构坚固等优点，可应用于化学和生物传感领域[169]，如图 1-14 (c) 所示。2019 年，K. Markiewicz 和 P. Wasylczyk 在两根结合的单模光纤端面上用双光子激光光刻技术制备了含有 WGM 微盘腔的光子系统[170]，如图 1-13 (d) 所示。同年，Siyao Zhang 等人在七芯光纤端面上用双光子激光光刻技术制备了高品质因子 WGM 微腔光学微系统，用于有机蒸气传感[171]，如图 1-14 (a) 所示。2020 年，Qiaoqiao Liu 等人在七芯光纤端面上用双光子光刻技术制备了三维空间集成的双环形 WGM 微腔，这是一种新型的气体传感器，或称为一种光学触手[172]，如图 1-14 (b) 所示。2022 年，Jiaxin Li 等人首先在单模光纤端面上形成一个开放的空气腔，再将微球嵌入到空气腔中，形成一个 WGM 微球谐振器，并对其进行了温度传感测试，由于微球固定在光纤中，可以保证良好的鲁棒性和运行稳定性。该器件体积小、成本低，在光子学领域具有很高的应用潜力[173]，如图 1-14 (d) 所示。

2020 年，Mustafa Sak 等人提出了胶态量子阱的光学增益，并以高密度密包固体薄膜的形式呈现在无芯光纤周围，结合产生的 WGM 来诱导光纤的增益和波导模式来收集光。这种独特的腔体结构为实现胶态激光器的简单高性能光学谐振器提供了新的机会[174]，如图 1-14 (c) 所示。

光纤端面上的 WGM 微腔结构研究领域包括：微流传感，在微流控芯片环境下对液体流动进行精确的传感和控制；气体传感，具有高品质因子的不同材料制成的微腔对气体、纳米粒子和生物成分具有非常好的传感性能；等等。

光纤端面上的回音壁模式微腔还可以适时地与表面增强拉曼光谱、表面等离子体共振[175~178]、干涉仪[179~184]、谐振器[185,186]、光栅[187,188] 和光子晶体[189] 等结合在一起。

具有多个纤芯的光纤具有更加出色的与 WGM 光学微腔耦合结果，不仅增加了多耦合方式，在单模的基础上，更进一步提高了"纤上实验室"的集成度，同时增加了应用多样性。比如，要实现可安装在手机上进行蒸汽感知的人工嗅

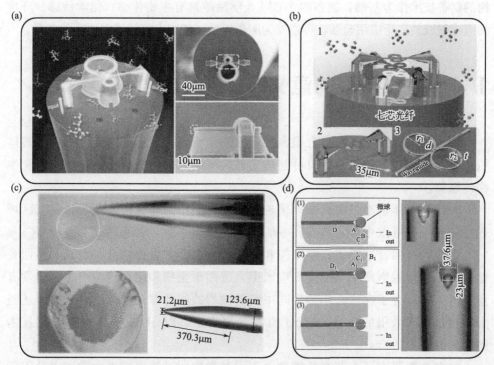

图 1-14　光纤端面上 WGM 光学微腔实际应用国内外现状（二）
（a），（b）七芯光纤端面上的 WGM 微环腔；（c）空心光子晶体端面上的 WGM 微腔；
（d）单模光纤端面上的 WGM 微球腔

觉感受器，则传感器必须具有结构紧凑、易于集成和灵敏度高的特点。在仿生学中，仅用于检测一种物理变量的传感器，例如霍尔传感器、地磁传感器、加速度计、陀螺传感器、麦克风、温度传感器、接近传感器、触摸屏、气压计和湿度传感器等，都可以视为受体。一个探测多种化学物质的嗅觉装置将有一个传感器阵列作为主要部件。通常，传感器阵列由多个单元组成，每个单元响应一种气体分子，传感单元的灵敏度和选择性由传感机制和传感材料决定，因此，在设计和制造过程中，每个单元都应该用不同的材料处理。另一方面，传感器阵列可能需要数百或数千个单元，如此多传感器的数据处理是一项艰巨的任务，且同时满足所有的要求是具有挑战性的。因此，要实现一种能够高灵敏度检测多种气体成分的紧凑装置，可以依赖于七芯光纤的多芯高度集成化的特性，同时需要来自生物、电子、化学、材料科学和光学等各个领域的研究人员付出巨大的努力。

　　总之，光纤端面上 WGM 微腔的研究为器件的集成化、小型化奠定了基础，为远程、狭窄空间的探索开辟了道路。以光纤作为平台，利用先进的制造微型结构的制备技术作为基础，制备的 WGM 光学微腔具有生物传感、化学传感、环境和医疗领域的广泛应用前景，可发展为医学探针、细胞夹持器等重要医疗工具。

1.4 本书内容的意义

回音壁模式光学微腔具有很多优异的光学特性，包括高品质因子、模式体积小等，利用这些特殊的性质可制造先进的高灵敏度化学传感器和高灵敏度生物传感器。

光纤具有体积小、耐腐蚀等优越性，可以应用到高度集成领域和狭窄区域远程传感等，可以作为实验器件基底、实验操作平台，制成"纤上实验室"。

那么，将回音壁模式光学微腔和光纤这一微型平台相结合，也就是将回音壁模式光学微腔制作在小型光纤端面上，应用于生物和化学传感中，是非常有意义的工作。为了在这么小的空间中制备微型的回音壁光学微腔，本书所述整个实验过程都采用的是 3D 双光子直写光刻技术，以 3D 双光子直写光刻技术作为制备手段。

本书主要研究了七芯光纤端面上不同种类的回音壁模式光学微腔以及不同耦合方式的回音壁模式光学微腔的光谱光学特性、几何光学特性，以及溶液蒸气传感响应和温度传感响应，观察到一些特殊的光学特性和材料物理特性，比如：随着几何参数的变化，观察到了双环形回音壁模式微腔光学模式的劈裂现象；随着时间的变化，观察到了蒸气分子侵入到球形回音壁模式微腔中的动态过程；随着温度的变化，观察到了聚苯乙烯微球回音壁模式微腔中玻璃化转变过程中的折射率变化过程及其分布；随着温度和蒸气浓度的变化，观察到了双球形耦合微腔接触点的传感特性。本书主要内容分为如下几个部分。

第一部分主要内容是七芯光纤端面双环耦合回音壁模式微腔有机溶液蒸气传感，也就是研究基于双环形回音壁模式微腔组成的光子分子传感器对有机溶液蒸气的响应。首先，运用时域有限差分法对光纤端面上双环形回音壁模式微腔做了数值模拟分析，观察到了双环形回音壁模式微腔光子分子的光谱特性，以及随着几何参数的变化，双环形回音壁模式微腔光学模式的劈裂现象和对应的场分布特点，从一个光学模式劈裂产生了两个光学模式，分别是对称模式和反对称模式。同时，用 3D 双光子激光直写光刻技术制备的传感器在蒸气响应实验测试结果中与模拟计算结果保持一致，充分证明了实验过程中当蒸气吸收的同时会引起环的半径和折射率变化时，劈裂谐振模式的两个分支（两个光学模式）出现了不同的波长漂移。最后，设计了采用三对耦合的聚合物微环谐振器光子分子七芯光纤传感器，它们以三层堆叠的形式居于光纤端面上，达到了光纤端面空间集成化的目的，为高集成度、多功能化传感奠定了基础，有着重要的意义。

第二部分主要内容是七芯光纤端面模板辅助自组装球形回音壁模式微腔传感特性，也就是利用模板辅助自组装方法将微球自组装到光纤端面上，观察被激发的球形回音壁模式微腔的传感特性。从之前光纤端面上的聚合物微环腔转到聚苯乙烯微球腔，微球腔的引入不仅提高了传感器件的品质因子，还增加了光纤端面上的微腔的类型。提出了模板辅助自组装的方法，包括"烟囱型"底座自组装和"漏斗"模板自组装，提高了微球腔样品的成功率和高效率。用微纳波导和微纳光栅两种耦合方式对微球腔的回音壁模式进行耦合激发，引入了微纳光栅耦合器件，提高了样品的鲁棒性能和微球的集成化。首先，通过设计微纳波导对微球腔的耦合激发结构，验证了高品质因子的球形回音壁模式的存在，并做了蒸气和温度的传感性能表征。其次，设计了微纳光栅对微球腔的回音壁模式的耦合激发结构，运用时域有限差分法对球形回音壁模式进行了数值模拟分析，观察其光谱光学特性、场强度分布，以及详细的几何参数变化引起的光学模式的变化。实验上借助 3D 双光子激光直写光刻技术设计并制备了光纤端面上的光栅耦合微球结构，对样品进行了蒸气和温度的传感响应，观察到蒸气分子侵入到聚苯乙烯微球内的动态过程、聚苯乙烯微球玻璃化转变过程中的折射率演化和分布，并设计了几何物理模型，对折射率和温度、位置的关系进行了定性分析、数据分析，模拟结果和实验结果保持了很好的一致性，对聚合物光学微纳元件和系统的设计以及微腔的温度传感应用具有重要的指导意义。最后，7 个光栅和微球耦合结构单元同时集成到同一个光纤端面上，极大地提高了"纤上实验室"的集成化、小型化性能。

第三部分主要内容是七芯光纤端面上双微球腔传感特性，也就是利用提出的模板辅助自组装方法将 7 个单元（14 个微球）以垂直堆叠的形式自组装到光纤端面上，对应于七芯光纤端面上的七个纤芯，每个单元的两颗球之间有接触点，实验中主要是观察双微球腔回音壁模式这一接触点（熔接点）的传感特性。首先，做了充足的数值模拟分析，观察了波导和光栅两种耦合方式激发双微球回音壁模式的耦合结果的光谱光学特性对比结果，灵活设计和运用了波导和光栅激发的球形回音壁模式光学行为一致的方法，用波导代替光栅观察双微球回音壁模式耦合结果的场分布，以及结构几何参数变化对光学特性的影响。其次，实验上借助 3D 双光子激光直写光刻技术和模板辅助自组装方法设计并制备了垂直堆叠的两颗球的结构，将 14 颗球完美地组装到直径仅有 $124\mu m$ 的光纤端面的精准位置上。运用一维光栅的耦合方法，激发两个微球腔耦合结果的高品质回音壁模式，用于蒸气和温度传感，观察到：同一径向、不同角向耦合模式的共振峰随着溶液蒸气浓度的增加，呈现不同的蒸气浓度灵敏度响应，这是双微球腔模式劈裂凝聚点的蒸气传感特性；随着温度增加，双微球回音壁模式微腔耦合模式劈裂，且不同模式呈现不同的温度灵敏度响应，这是双微球腔模式劈裂熔接点的传感特性。在温度响应测试过程中，还会伴有由于腔变形产生的 WGM。最后，通过理论计算接触点处凝聚体积随着凝聚半径的定性变化，以及凝聚的体积和对应的波长漂移量的定性关系，用模拟的方法进一步证明我们设计的这一接触点传感器有较高的灵敏度特性，为聚合物微腔传感向着多功能化、高度集成化的方向发展奠定了基础。

1.5　本书内容安排

第 1 章绪论，引出对传感器，特别是高性能、高集成度传感技术的迫切需求。从光纤种类、传感机制、材料构成、应用场景、实现方式五个方面对"纤上实验室"进行了阐述。回顾了回音壁模式光学微腔的历史，从几何形状、材料以及应用方面介绍了近几年来回音壁模式光学微腔的发展和现状。同时介绍了光纤端面上回音壁模式光学微腔应用方面的国内外现状。

第 2 章是七芯光纤微腔传感的理论和实现方法。阐述了回音壁模式光学微腔基本理论，包括基本理论、表征参数、传感机制、传感性能指标，以及浓度响应机制和温度响应机制。介绍了本书中光纤端面上回音壁模式光学微腔的实现方式，包括光纤端面上回音壁模式光学微腔耦合方式、微纳加工设备和方法，以及器件测试平台和方法。

第 3 章是七芯光纤端面双环耦合回音壁模式微腔有机蒸气传感的介绍。阐述了光子分子的概念和研究现状。介绍了双环耦合回音壁模式微腔光学特性。介绍了七芯光纤端面上 3D 空间集成双环耦合回音壁模式微腔的实现方法，包括 3D 空间集成双环耦合回音壁模式微腔设计、3D 空间集成双环耦合回音壁模式微腔的制备和可挥发有机物蒸气的浓度响应和时间响应的传感特性表征。

第 4 章是七芯光纤端面模板辅助自组装回音壁模式微球腔传感特性的介绍。首先介绍了七芯光纤端面上波导耦合高品质因子微球腔传感特性，包括七芯光纤端面波导耦合高品质因子微球腔设计、七芯光纤端面上微球腔的 3D 双光子光刻底座辅助自组装、挥发性有机物蒸气传感特性表征和温度传感特性表征。其次介绍了七芯光纤端面上光栅耦合高品质因子微球腔传感特性，包括七芯光纤端面光栅耦合高品质因子微球腔光学特性、七芯光纤端面光栅耦合高品质因子微球腔结构设计、七芯光纤端面上微球腔的 3D 双光子光刻模板辅助自组装、分子浸入聚苯乙烯微球腔前沿界面及核壳结构观测、聚苯乙烯微球腔玻璃化转变过程中折射率的分布和演化（利用不同阶径向回音壁模式检测聚苯乙烯微球玻璃化过程中折射率的分布和动态变化、聚苯乙烯微球在玻璃化转变过程中回音壁模式波长漂移的实验观察和聚苯乙烯微球在玻璃化转变过程中的折射率分布和演化模型）。

第 5 章是七芯光纤端面上双微球腔传感特性的介绍。首先介绍了七芯光纤端面上双微球耦合腔光学特性及实验制备，包括光栅激发的双微球耦合腔光学特性、七芯光纤端面上双微球耦合腔器件的设计和七芯光纤端面上双微球耦合腔器件的制备。其次介绍了聚苯乙烯双微球耦合腔接触点传感原理；挥发性有机物蒸气在双微球耦合腔接触点处凝聚的实验观测；聚苯乙烯双微球耦合腔接触点玻璃化熔接；聚苯乙烯双微球腔接触点微量液体传感灵敏度分析。

第 3~5 章是本书重点介绍的内容，其思维导图如图 1-15 所示。

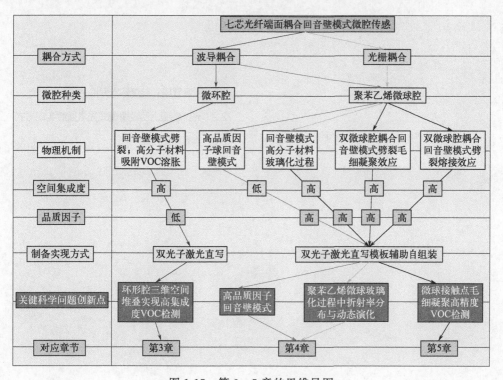

图 1-15　第 3~5 章的思维导图

第2章

回音壁模式光学微腔传感基本理论和实现方式

本章着重从传感应用的角度对回音壁模式光学微腔的基本理论做简单介绍，对微纳波导耦合与光栅耦合两种回音壁模式激发方式进行详细介绍，并对制备和测试方法进行说明。

2.1 回音壁模式微腔基本理论

2.1.1 回音壁模式微腔基本理论简介

对 WGM 光学微腔基本理论的理解是传感器设计和开发的前提。WGM 光学微腔严格的基本理论在很多文献中有详细的介绍[103,190,191]，这里不再详细推导，而是只关注与本书内容有关的 WGM 光学微腔传感的关键结论性理论。

下面以二维 WGM 柱形微腔模型为例重点介绍。

对于二维 WGM 微腔，光波在圆形结构边界处受到全内反射的限制，如图 2-1 所示。假设系统无损耗，光波在运行一圈后发生自干涉，则满足式(2-1) 的光波可以自增强，而其他的光波则被淘汰。

$$m\lambda = Ln_{eff} \tag{2-1}$$

式中，m 为方位角模式数；λ 为共振波长；L 为微腔的周长，$L = 2\pi R$，R 为微腔半径；n_{eff} 为模式的有效折射率。这些自增强模式称为 WGM，式(2-1) 是对 WGM 微腔中共振模式的基本认识。

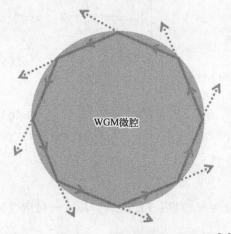

图 2-1 二维 WGM 柱形微腔模型原理图[75]

2.1.2　回音壁模式微腔表征参数

通常描述 WGM 光学微腔有几个基本的特征参数，重要的参数包括共振波长、自由光谱范围（free spectrum range，FSR）、线宽（linewidth）、WGM光谱线型、品质因子（quality factor，用 Q 表示）和模式体积（mode volume，用 V_m 表示）等参数。在传感领域，为了实现传感性能的优化，通常要求WGM 光学微腔具有高品质因子和小模式体积。如果测量模式光谱的移动和展宽等，则重点考虑共振波长、模式自由光谱范围。下面分别对各个参数进行介绍。

(1) 共振波长

共振波长是 WGM 光学微腔第一个特征参数。它是指在 WGM 光学微腔中形成稳定模场分布的光波波长。WGM 模场分布由三个模式数决定，分别是：模场沿径向分布的极大值数即径向模式数 q；模场沿方位角向分布的极大值数即方位角模式数 m 和模场沿极角分布的极大值数即角模式数 s。对于二维模型，不考虑方位角模式数 s。

对于 WGM 微腔可支持横电模式（TE）和横磁模式（TM）[192]。因此，需要从式(2-1) 出发，进行进一步的探讨，提出一个修正项，才能准确地推导出腔内的共振波长。1992 年，Lam 等人开发了渐近公式的框架，用于共振的数值近似[193]。于是给出共振波长与腔半径 R、腔折射率 n_1、环境折射率 n_2、径向模式数 q 和方位角模式数 m 的函数表达式[115,116,193]：

$$\lambda^{-1}(R,n_1,n_q,q,m)=\frac{1}{2\pi R n_1}\left[\begin{array}{l} m+\frac{1}{2}+2^{-\frac{1}{3}}\alpha(q)\left(m+\frac{1}{2}\right)^{\frac{1}{3}}- \\[2mm] \dfrac{L}{(n_q^2-1)^{\frac{1}{2}}}+\dfrac{3}{10}\times 2^{\frac{2}{3}}\alpha^2(q)\left(m+\frac{1}{2}\right)^{-\frac{1}{3}}- \\[2mm] 2^{-\frac{1}{3}}\left(n_q^2-\frac{2}{3}L^2\right)\dfrac{\alpha(q)\left(m+\frac{1}{2}\right)^{-\frac{2}{3}}}{(n_q^2-1)^{\frac{3}{2}}} \end{array}\right]$$

$$(2-2)$$

式中，$n_q=\dfrac{n_1}{n_2}$，$L=n_q$ 对应 TE 模式，$L=\dfrac{1}{n_q}$ 对应 TM 模式，即偏振特性系数；$\alpha(q)$ 是艾里函数解，当 $q=1$ 时，$\alpha(q)=2.338$[75]。

式(2-2) 是在二维 WGM 柱形微腔理论模型中的 WGM 共振波长表达式。该式也适用于二维环形微腔和球形微腔模型。

(2) 自由光谱范围 (FSR)

自由光谱范围是 WGM 光学微腔第二个特征参数。回音壁模式所产生的共振谱中的两个邻阶径向（角向/方位角）模式共振峰之间的间隔称为自由光谱范围。

FSR 可由波长或者频率表示：

$$\Delta \lambda_{FSR} \approx \frac{\lambda^2}{2\pi n_{eff} R} \tag{2-3}$$

$$\Delta f_{FSR} \approx \frac{c}{2\pi n_{eff} R} \tag{2-4}$$

式中，c 为光速。由式(2-3) 和式(2-4) 可知，FSR 与微腔尺寸成反比，微腔尺寸越小，FSR 越大。在传感应用中，较大的 FSR 不仅有利于区分其他谐振峰，而且有利于增加动态检测范围。

(3) 回音壁模式 (WGM) 光谱线型

当采用波导耦合方式激发回音壁模式微腔中的光学模式时，光场能量在微腔反射壁中受到限制，理想情况下输出能量为零，因此在波导的透射端的光谱中可以看到一系列的"谷"。透射光谱 $P_t(\omega)$ 的线型一般为洛伦兹型，可以表达如下：

$$P_t(\omega) = P_0 - \beta P(\omega) \tag{2-5}$$

$$P(\omega) = P_0 \times \frac{\left(\frac{\gamma_0}{2}\right)^2}{(\omega - \omega_0)^2 + \left(\frac{\gamma_0}{2}\right)^2} \tag{2-6}$$

式中，ω 为光的空间圆频率（$\omega = 2\pi c/\lambda$）；P_0 为输入光场能量；β 为耦合效率；$P(\omega)$ 为腔内存储的光场能量；γ_0 为半高全宽。

由式(2-5) 和式(2-6) 可知，透射光谱 $P_t(\omega)$ 中，共振峰的深度和半高全宽都与耦合系数 β 有关。结合二维微柱耦合输出光谱分析，微腔耦合[194] 可分为以下三种情况：

① 欠耦合：当波导与 WGM 微腔距离较大时，耦合强度较弱，耦合进微柱腔的共振光场较弱，输出光谱中共振峰表现为小的半高全宽和小的深度；

② 临界耦合：当波导与 WGM 微腔之间的距离接近临界值时，耦合强度最强，输出光谱中共振峰表现为半高全宽和深度大于欠耦合时的情况；

③ 过耦合：当波导与 WGM 微腔之间的间距再减小时，模式场重叠更大，输出光谱中共振峰表现为大的半高全宽大和小的深度。

(4) 品质因子 (Q)

品质因子是 WGM 光学微腔的另一个特征参数，它反映了微腔对光的束缚能力。品质因子定义为 WGM 腔内存储的能量与光沿微腔内壁传播一周之后损耗的能量的比值：

$$Q = 2\pi \frac{\text{腔内存储的能量}}{\text{循环一周损耗的能量}} \tag{2-7}$$

品质因子也可以表示为共振波长与模式半高全宽的比值，通过傅里叶变换而来，所以 Q 值也可以表示为以下形式：

$$Q = \frac{\lambda}{\gamma_0} \tag{2-8}$$

那么，在实验测试和数值模拟计算的光谱中，很容易读取到模式共振波长和对应模式半高全宽的值，也就可以很容易地得到所研究的 WGM 光学微腔的品质因子。

从式(2-7)可知，影响品质因子的主要因素是光在微腔中传播时产生的损耗。任何材料都对光有一定的吸收，那么光在腔内传播，由微腔材料吸收引起的损耗，称为吸收损耗（Q_{mat}）。由于微腔很小，工艺没那么精细的时候，其表面粗糙度不容易被控制，那么微腔表面的粗糙度会造成一部分光能量被散射掉，这部分能量的损耗称为散射损耗（Q_{ss}）。当光在腔内传播时，光照射到微腔材料表面后，部分光能量会转化为微腔自发辐射能量而损耗掉，这部分损耗的能量称为辐射损耗（Q_{rad}）。吸收损耗、散射损耗和辐射损耗是微腔本身存在的特性，它们的总和称为 WGM 光学微腔的本征损耗（Q_{int}）。在考虑实际情况的前提下，光进入到微腔内传播，就会遇到吸收损耗、散射损耗、辐射损耗以及外部损耗（Q_{ex}）。

那么，WGM 光学微腔品质因子又有一个新的定义方法，公式如下[195~197]：

$$\frac{1}{Q} = \frac{1}{Q_{int}} + \frac{1}{Q_{ex}} = \frac{1}{Q_{mat}} + \frac{1}{Q_{ss}} + \frac{1}{Q_{rad}} + \frac{1}{Q_{ex}} \tag{2-9}$$

研究人员对微腔的这些损耗进行了大量的基础研究，揭示了各种损耗的机制，分析了如何降低微腔的损耗，提高微腔的品质因子[198~200]。

研究发现，通过精细微加工工艺或优化微腔的尺寸和材料，可以降低一部分损耗。其中，Q_{rad} 与微腔的直径和材料有关，相同的材料，Q_{rad} 与微腔的直径成反比；在微腔加工过程中，通过尽可能降低微腔表面的粗糙度，可以有效地降低微腔的 Q_{ss} 值；Q_{ex} 不同于 Q_{ss}、Q_{rad} 和 Q_{mat}，它取决于波导和微腔之间的耦合效率，并与许多其他因素有关，如耦合间距和倏逝场的强弱等，它的大小可以通过提高耦合效率来人为改变[201]。

对于 WGM 光学微腔品质因子还有一些近似的求解方法。

(5) 模式体积（V_m）

模式体积也是 WGM 光学微腔特征参数之一。前面提到过，WGM 光学微腔由于一些独有的特性，被广泛关注和研究。其中一个特性是：WGM 光学微腔中的光具有独特的分布，有很高的光能量密度。而引起光的高能量密度是以微腔的模式体积 V_m 足够小为前提，模式体积的大小与电磁场分布和微腔的体积有关[202]，表达式如下：

$$V_m = \frac{\iiint n_1^2(r)|\vec{E}(r)|^2 \mathrm{d}^3 r}{\max(n_1^2(r)|\vec{E}(r)|^2)} \tag{2-10}$$

式中，$\vec{E}(r)$ 为微腔的电场分布矢量。

在传感应用中，为了提高探测灵敏度，需要增强模场和待测物质之间的相互作用，因此要求微腔具有较小的模式体积。一般情况下，WGM 模场分布的横截面面积可以达到波长平方量级。V_m 可以估计为微腔周长与横截面积的乘积，即 V_m 强烈依赖于微腔的大小。

2.1.3 回音壁模式光学微腔传感机制

根据被测物体的吸收损耗分析，传感器的传感机制可分为耗散传感机制和反应传感机制[203]。

耗散传感机制是对被测物体具有较大的虚部极化率和较小的实部极化率的探测，共振模式对这样的被测物体探测时有吸收损耗，是利用被测物体的吸收损耗导致的模式线宽的变化进行探测[204]，适用于探测吸收系数大、光吸收强的被测物体，如碳纳米管、金纳米粒子等。

反应传感机制用于探测小吸收系数的被测物体，可忽略被测物体所带来的吸收损耗，只分析被测物体极化率的实部与模场的相互作用。

模式移动、模式劈裂和模式展宽是反应传感机制的三种主要传感机制类型，如图 2-2 所示。这三种传感机制主要是基于颗粒导致的散射：模式移动取决于散射体在微腔上导致的前向散射；模式劈裂取决于散射体在微腔上导致的背向散射；模式展宽取决于散射体在微腔上导致的侧向散射和背向散射。

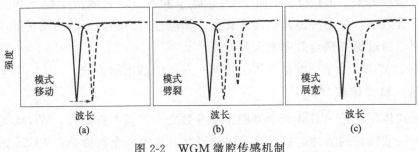

图 2-2　WGM 微腔传感机制

以下是对反应传感机制的模式移动、模式劈裂和模式展宽传感机制的详细介绍。

2.1.3.1　模式移动

模式移动如图 2-2(a) 所示，其传感的基本原理是 WGM 共振波长（频率）随环境物理量的变化而变化。通常通过监测 WGM 微腔的反射光谱、透射光谱或辐射光谱中的 WGM 的共振波长（频率）得到模式移动情况。模式移动是最常用的 WGM 微腔传感机制，不仅可以用于检测物质的浓度信息，还可以用于检测单个分子和颗粒大小，也可以用于获得微腔周围环境的物理量变化，如湿度、温度、磁场和压强等信息。

为了实现传感，需要诱导共振波长 λ 或半高全宽 γ_0 的变化。因此，波长变化 $\Delta\lambda$ 的表达式为：

$$\frac{\Delta\lambda}{\lambda_0}=\frac{\Delta n_1}{n_1}F+\frac{\Delta n_2}{n_2}(1-F)+\frac{\Delta R}{R} \qquad (2-11)$$

式中，F 为灵敏度系数；Δn_1 为 WGM 微腔的折射率变化量；Δn_2 为周围环境的折射率变化量；ΔR 为 WGM 微腔的半径的变化量。当环境变化时（气体分子的引入、生物分子的引入、温度和压力的变化等），环境折射率发生变化，同时，WGM 微腔半径和折射率也会发生变化，这些变化导致输出光谱中模式共振波长发生红移或蓝移，从而实现对外界环境物理量的检测，这为WGM 微腔成为高灵敏度传感器提供了重要的理论基础。

2.1.3.2　模式劈裂

模式劈裂如图 2-2(b) 所示，其传感原理可以简单地概括为被测颗粒引起的微腔模式劈裂。通过观察光谱信息，可以直接获得模式劈裂大小、线宽变化等信息，把这些信息作为传感信号，从而表征出待测物体的大小等参量[205]。

WGM 一般为行波模式，由于 WGM 微腔本身具有的旋转对称性，它可以自然支持一对向后和向前传播的 WGM，也就是逆时针（counterclockwise，CCW）模式和顺时针（clockwise，CW）模式，它们具有相同的共振频率和场分布。

对行波 WGM 而言，通常 CCW 模式和 CW 模式之间没有耦合，但当纳米颗粒或生物分子到回音壁倏逝场区域内时，不仅会通过侧向散射将光场的一部分能量耗散在自由空间中，也会由背向散射引起回音壁 CCW 模式和 CW 模式之间发生耦合，此时 CCW 模式和 CW 模式的简并性得到解除，同时形成了两个新的本征模式。这两个新的本征模式分别是由 CCW 模式和 CW 模式叠加形成的驻波模式，即反对称模式和对称模式。对于反对称模式，颗粒位于驻波波节的位置，电场强度几乎为零，模场强度几乎不受散射体的影响。因此，与引入散射体前的行波模式相比，反对称模式的谐振频率和线宽保持不变。对于对称模式，颗粒位于驻波波腹的位置，电场强度不为零，模场强度受到引入散射体的影响。散射体的存在增加了模式的有效折射率并引入额外的耗散，因此共振波长红移，模式线宽展宽。那么，模式劈裂就是由原来的一个模式劈裂成反对称模式与对称模式两个模式的现象，如图 2-2(b) 所示，而劈裂后两模式之间的频率差[104,203,206]为：

$$\delta = 2g = \frac{-\varepsilon_m Re\,[\alpha]\,f^2(r)\omega_m}{\varepsilon_c V_m} \tag{2-12}$$

劈裂后两模式之间的线宽差为：

$$\gamma = \frac{-\varepsilon_m^{\frac{5}{2}}\,|\alpha|^2 f^2(r)\omega_m^4}{6\pi c^3 \varepsilon_c V_m} \tag{2-13}$$

式中，α 为散射体的极化率，对于纳米尺度球形颗粒 $\alpha = 4\pi R^3(\varepsilon_p - \varepsilon_m)/(\varepsilon_p + 2\varepsilon_m)$，$R$ 为颗粒半径，ε_m、ε_p 和 ε_c 分别代表微腔周围环境、散射体和微腔的介电常数；V_m 和 ω_m 分别为 WGM 体积和谐振频率；g 为正反行波模式之间的耦合强度；$f(r)$ 为场分布。

因此，模式劈裂传感的基本原理：被测颗粒会造成微腔的 WGM 产生劈裂，被测量对象的大小等信息是由模式频率劈裂的大小和线宽的变化作为传感信号的，通过测量传输频谱，可以直接得到模式频率劈裂和线宽变化。

与模式移动传感机制相比，模式劈裂机制中，由于反对称模式和对称模式在同一微腔内，具有相同的场分布，因此它们受到激光频率噪声和热噪声等相同噪声的影响，可以通过监测它们之间的共振频率或线宽的差异来消除上述噪声。此外，由式（2-12）和式（2-13）可以得出，频率差与线宽差之比（δ/γ）可以抵消场分布 $f(r)$ 的依赖性，因此传感信号与散射体在微腔上的附着位置无关，这是模式劈裂相比模式移动的另一个优点[207,208]。但模式劈裂大于模式展宽，这就要求微腔和 WGM 具有较高的 Q 值[207,208]。

2.1.3.3　模式展宽

模式展宽如图 2-2(c) 所示，其传感机制是基于上述模式劈裂传感机制的，当颗粒散射引起的模式劈裂小于模式展宽时，透射光谱中会出现模式展宽增大的现象。在模式劈裂传感机制中，要求模式劈裂大于模式展宽。但其实即使颗粒散射引起的模式劈裂小于模式展宽，传输谱上也可以观察到模式展宽的增加。模式展宽机制可应用于无法分辨模式劈裂的情况，主要利用颗粒散射引起的模式展宽变化作为检测信号，模式展宽的变化程度取决于前向和后向行波模式的耦合强度和纳米颗粒侧向散射引起的腔模式损耗[209]。由于激光频率噪声或环境热噪声等只会影响 WGM 谐振频率，而不会影响模式展宽，所以模式展宽机制对这些噪声自然免疫。然而，模式展宽机制的应用要求被测物体在与耦合系统相互作用后产生吸收损耗或散射损耗，这限制了被测物体的类型，而且由此带来的额外损耗会导致 Q 值和信噪比的显著衰减，无法实现有效检测。被测物体的长期吸附会加重模式的损耗，最后，随着时间的推移，WGM 微腔传感器性能下降。模式展宽机制不要求模式劈裂大于模式展宽，因此模式展宽机制比无源模式劈裂机制一般具有更低的探测极限[209]。

2.1.4　回音壁模式光学微腔传感性能指标

灵敏度和探测极限是衡量光学、生物、化学传感器的主要性能指标。下面予以详细介绍。

2.1.4.1　灵敏度

灵敏度（sensitivity，用 S 表示）是表征传感器对被测物体变化量的响应能力，数值上可以表示为传感器输出信号的变化量与待测物体变化量的比值。一般传感器输出信号的变化通过传输频谱（波谱）的变化来反映。传输频谱（波谱）的变化一般有两种表达方式[210,211]：一种是共振波长的变化；另一种是固定波长下输出光功率的变化，如图 2-3 所示。

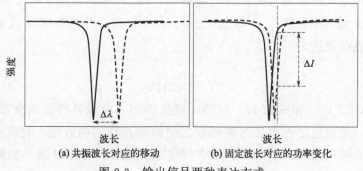

(a) 共振波长对应的移动   (b) 固定波长对应的功率变化

图 2-3　输出信号两种表达方式

以共振波长变化量（$\Delta\lambda$）来反映被测物变化量（如折射率变化 Δn）时，如图 2-3(a) 所示，灵敏度定义为：

$$S_\lambda = \frac{\Delta\lambda}{\Delta n} \tag{2-14}$$

以固定波长下输出光功率的变化（光强变化 ΔI）来反映被测物变化量（如折射率变化 Δn）时，如图 2-3(b) 所示，灵敏度定义为：

$$S_i = \frac{\Delta I}{\Delta n} \tag{2-15}$$

共振波长变化量（$\Delta\lambda$）法具有较大的动态范围，其动态范围取决于被测物的饱和状态。当移动变化超过模态动态范围时，需要另外识别共振峰的位置，光谱移动检测信号容易受到温度变化、噪声干扰和激光波长漂移等的影响。

光强变化（ΔI）法的线性测量范围仅限于光谱峰的上升沿或下降沿，其灵敏度与线性上升沿或下降沿的斜率有关。其动态测量范围小，易受光学系统中光强波动等的影响。

2.1.4.2　探测极限

探测极限（detection limit，DL）是表征传感器可探测到的被测物的最小变化量[212]。以折射率的传感为例，微腔的探测极限指的是能检测的最小折射率改变量 Δn_{min}，探测极限可表示为：

$$DL = \Delta n_{min} = \frac{\Delta\lambda_{min}}{S} \tag{2-16}$$

根据式(2-16)可知，探测极限和能分辨的最小波长移动量 $\Delta\lambda_{min}$ 有关。$\Delta\lambda_{min}$ 的大小受到激光频率抖动的影响，以及环境不稳定性、探测强度波动、散粒噪声和热噪声等实验环境噪声的限制。$\Delta\lambda_{min}$ 的取值通常以谐振峰半高全宽 $\gamma_0/50$ 或 $\gamma_0/25$ 估算[213]，以 $\Delta\lambda_{min}=\gamma_0/50$ 为例，并根据关系式 $Q=\lambda/\gamma_0$，探测极限也可表达为：

$$DL=\frac{\lambda}{50QS} \tag{2-17}$$

根据式(2-16)和式(2-17)可知，要想得到一个较低的探测极限，有两种方法：第一是通过增强模场与被测物之间的相互作用的方法，提高灵敏度 S；第二是在低噪声系统环境中，利用窄的线宽波谱对应的高 Q 值共振模式。

2.1.5 浓度响应机制

气体（溶液蒸气）传感是 WGM 光学微腔的一个重要研究领域。WGM 光学微腔对化学气体的传感机制为：通常在微腔表层可涂覆有一定化学气体（溶液蒸气）特异性识别功能的材料如聚合物层等，当被测气体（蒸气）与功能材料接触后会引起功能材料折射率等物理参数的变化，通常通过检测 WGM 光学模式共振波长的移动来判断气体是否存在，或进一步获得气体（蒸气）浓度等其他有用信息。目前 WGM 微腔可以成功用于检测氨气[214,215]、二硝基苯酚气体[216]、乙醇气体[217~220]和氦/氩气[221]等。

浓度响应是气体（蒸气）传感领域中的重要组成部分，是判断传感器性能的一个重要指标。一般来说，器件对气体（蒸气）浓度的响应指标有两种，一种是器件对气体（蒸气）浓度变化感知的灵敏度，另一种是器件能感知到的最低气体（蒸气）浓度。也就是上文中提到的灵敏度和探测极限。

本书中气体传感对象为有机溶液蒸气。有机溶液浓度配比是有机溶液与去离子水的体积比。不同浓度的有机溶液蒸气是指不同浓度的有机溶液在相对封闭且有小孔通气的蒸气瓶（容积为 125mL）内静置一段时间后，测试瓶内有机溶液上方的饱和蒸气浓度值。测试期间气室保持恒定温度为 22℃，瓶中空气压强为标准大气压（101325Pa）。保持温度和压强稳定、混合液体的浓度稳定，瓶中有机溶液上方有机溶液蒸气的浓度也将保持稳定。下面详细介绍有机溶液蒸气的浓度计算方法，也就是饱和蒸气浓度值的计算。

拉乌-亨利定律[222]作为理论依据，公式为：

$$c=\frac{c_a\rho}{P_0 H^{cp}} \tag{2-18}$$

式中，c 为溶液饱和蒸气浓度；c_a 为溶质物质的量浓度；ρ 为水溶液密度；P_0 为标准大气压；H^{cp} 为亨利常数。

选取乙醇、异丙醇和显影液溶液蒸气作为传感待测物。在 22℃室温、标准大气压和气室容积 125mL 条件下，三种待测蒸气的 H^{cp} 大小依次为 1.68mol/$(\text{m}^3 \cdot \text{Pa})$、2.36mol/$(\text{m}^3 \cdot \text{Pa})$ 和 0.99mol/$(\text{m}^3 \cdot \text{Pa})$；$P_0 = 1.01 \times 10^5 \text{Pa}$；水溶液密度 (ρ) 近似为水的密度，$\rho = 1.0 \times 10^3 \text{kg/m}^3$。下面计算公式中的 c_a。

根据公式：

$$c_a = \frac{n}{L_{\text{水溶液}}} \tag{2-19}$$

$$n = \frac{m}{M} \tag{2-20}$$

$$m = \rho_{\text{溶质}} L_{\text{溶质}} \tag{2-21}$$

得到：

$$c_a = \frac{\rho_{\text{溶质}} L_{\text{溶质}}}{M L_{\text{水溶液}}} \tag{2-22}$$

$$c = \frac{\rho_{\text{溶质}} L_{\text{溶质}}}{M L_{\text{水溶液}}} \times \frac{\rho}{P_0 H^{cp}} \tag{2-23}$$

式中，物质的量用符号 n 表示，单位为 mol；水溶液的体积用 $L_{\text{水溶液}}$ 表示；物质的质量用 m 表示；物质的摩尔质量用符号 M 表示，单位为 g/mol；$\rho_{\text{溶质}}$ 和 $L_{\text{溶质}}$ 分别为和去离子水配比前的溶质本身的密度和体积。

分子量是化学式中各个原子的原子量的总和。M 在数值上等于分子量。那么得到乙醇（C_2H_6O）、异丙醇（C_3H_8O）、显影液（$C_6H_{12}O_3$）的分子量分别为 46.0、60.6 和 132.0；M 分别为 46.0g/mol、60.6g/mol 和 132.0g/mol。我们用到的三种溶质本身的 $\rho_{\text{溶质}}$ 分别为 0.789g/mL、0.800g/mL 和 1.000g/mL。根据式(2-23)，在已知 $\rho_{\text{溶质}}$、$L_{\text{溶质}}$、M 和 $L_{\text{水溶液}}$ 为任意值时，可以得到相对应溶液的饱和蒸气浓度 c。例如：$L_{\text{溶质}} = 0.2\text{mL}$，$L_{\text{水溶液}} = 50\text{mL}$ 时，乙醇、异丙醇和显影液溶液的饱和蒸气浓度分别为：410ppm（1ppm = 0.0001%）、220ppm 和 310ppm，如表 2-1 所示。

表2-1 乙醇、异丙醇和显影液溶液饱和蒸气浓度相关计算参数值

种类	$\rho_{\text{溶质}}$ /(g/mL)	M /(g/mol)	$L_{\text{水溶液}}$ /mL	ρ /(kg/m³)	P_0 /Pa	H^{cp} /[mol/(m³·Pa)]	c /ppm
乙醇	0.789	46.0	50			1.68	410
异丙醇	0.800	60.6	50	1.0×10^3	1.01×10^5	2.36	220
显影液	1.000	132.0	50			0.99	310

WGM 对不同种类和不同浓度的有机溶液蒸气的响应不同，光谱中共振峰的移动、劈裂和展宽特性不同。在测试到的不同溶液和不同浓度对应的光谱中，可以得到对应的浓度响应特征信息，从而得到样品的浓度响应灵敏度等特性。

2.1.6　温度响应机制

WGM 光学微腔温度传感是 WGM 的另一个重要研究领域。当微腔周围环境温度发生变化时，由于微腔材料的热膨胀或热转换效应，微腔的尺寸和材料的折射率发生变化，这两者都会改变谐振模式的共振波长。在模式移动传感机制中，共振波长很容易受到热效应的影响，包括探测光对微腔的加热效应和微腔周围环境温度的波动，两者都会导致谐振模式共振波长的移动，并给信号引入热噪声。经常使用的微腔材料主要是二氧化硅材料和硅材料，它们的热导率和热胀系数都是正值。而在二氧化硅微芯圆环腔表面涂上一层热变形系数为负的 polydimethylsiloxane（PDMS）材料，通过设计改变 PDMS 层厚度，可以充分抑制微腔的热物理噪声[223~225]。然而，从另一方面思考，可以充分利用 WGM 微腔的温度敏感特性来实现高灵敏度的温度传感。

一般地，在折射率为 n_1 和半径为 R 的微腔中，当微腔环境温度 T 改变时，共振波长的变化量为：

$$\frac{\mathrm{d}\lambda}{\mathrm{d}T}=2\pi R\,\frac{1}{m}\left(\frac{\mathrm{d}n_1}{\mathrm{d}T}\right)+2\pi n_1 R\,\frac{1}{m}\left(\frac{1}{R}\times\frac{\mathrm{d}R}{\mathrm{d}T}\right)=\lambda_0\left[\frac{1}{n_1}\left(\frac{\mathrm{d}n_1}{\mathrm{d}T}\right)+\left(\frac{1}{R}\times\frac{\mathrm{d}R}{\mathrm{d}T}\right)\right]$$

$$(2\text{-}24)$$

式中，m 为 WGM 方位角模式数；$\frac{1}{R}\times\frac{\mathrm{d}R}{\mathrm{d}T}$ 和 $\frac{\mathrm{d}n_1}{\mathrm{d}T}$ 分别为腔体材料的热胀系数和热变形系数。因此提高腔体材料的热胀系数和热变形系数，就可以提高 WGM 的温度传感灵敏度。同样，微腔 Q 的提高，也可以提高 WGM 的温度分辨率。

2.2　光纤端面上回音壁模式光学微腔实现方式

2.2.1　光纤端面上回音壁模式光学微腔耦合方式

通常来说，由于自由空间光束与微腔 WGM 之间的相位不匹配[103]，自由空间光束不能有效地激发高品质 WGM。这种限制可以采用近场耦合方式来克服，常用的近场耦合方式是用倏逝场的动量匹配，来满足相位匹配条件。主要的耦合器件如图 2-4 所示，有锥形光纤耦合器件[226,227]，如图 2-4(a) 所示；棱镜耦合器件[228~230]，如图 2-4(b) 所示；侧面抛磨光纤耦合器件[231~234]，如图 2-4(c) 所示，可以达到较高的耦合效率。

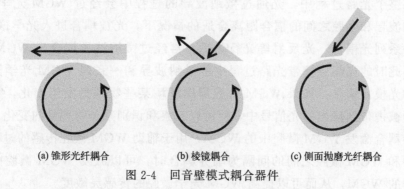

(a) 锥形光纤耦合　　　　(b) 棱镜耦合　　　　(c) 侧面抛磨光纤耦合

图 2-4　回音壁模式耦合器件

但是这些耦合方式存在缺点：棱镜耦合器件通过在棱镜表面产生的倏逝波将光耦合进微腔，但不易准直，调节困难[235]，且由于体积大，难以满足侧抛光光纤的相位匹配条件；锥形光纤耦合器件可以实现接近理想的耦合，但是由于有效模式传播的绝热条件[236] 的限制，锥形区域的长度不能任意短，这导致锥形光纤相当脆弱；对于侧面抛磨光纤耦合器件，需要精密的切削及抛光工艺，制作起来比较困难。此外，有研究人员通过微腔表面的散射缺陷或在光学微腔表面蚀刻光栅对微腔进行耦合，耦合效率不可调节，且微腔表面的缺陷会降低 WGM 微腔的品质因子[235,237,238]。

WGM 光学微腔的耦合方式决定了外界光进入其中的效率和途径，一般需要满足这几个条件：①高效率激发 WGM；②具备输入端口和输出端口；③制作工艺简单，成本低；④相对位置容易调节。

近年来，已经有大量的研究人员使用多芯光纤和其他微纳光学器件的结合来实现对 WGM 的激发和收集，光通过其中一个光芯注入 WGM 微腔内，通过其他光芯收集 WGM 信号，包括基于片上[239,240] 和纤上[241,242] 实验室情况。多芯光纤大大改进了系统的操作，同时也可以得到高品质因子的 WGM 微腔。

在本书中，激发光学微腔中的 WGM 使用了两种合适的方法：一种是微纳波导和七芯光纤结合的耦合方式，另一种是微纳光栅和七芯光纤结合的耦合方式。下面分别进行详细的介绍。

2.2.1.1　微纳波导和七芯光纤结合的耦合方式

微纳波导和七芯光纤结合的耦合方式是利用七芯光纤中任意相对的两个纤芯和微纳波导的结合：其中一个纤芯连接波导的一端，用于输送光进入波导；另一个纤芯连接波导的另一端，用于输出光信号到光电探测器中，进行后续信号处理。

在整个光路过程中，光通过微纳波导的过程中会经过 WGM 光学微腔，在微纳波导和微腔之间的耦合距离合适的情况下，光被耦合进入光学微腔中，发生一系列光耦合、光反射等光行为后，再经过微纳波导耦合出 WGM 光学微腔，此时的光信号携带光路过程中的微纳波导和一系列 WGM 光学微腔作用后的光模式信息。如果 WGM 微腔周围环境某些物理量发生变化，变化的信号会被携带到输出的光信号中，便可以观察和识别某个物理量的变化。这也是波导耦合激发 WGM 微腔中的 WGM，用于辅助 WGM 微腔传感的过程。微纳波导和 WGM 微腔之间的间隔为临界耦合时，可以激发 WGM 微腔中高品质因子的 WGM，从而可以提高 WGM 光学微腔的传感灵敏度。

微纳波导和七芯光纤结合的耦合方式又分为其对两种微腔结构的 WGM 的激发。第一种是微纳波导和七芯光纤结合的耦合方式激发微环光子分子结构中的WGM。第二种是微纳波导和七芯光纤结合的耦合方式激发微球腔结构中的 WGM。

工作原理：微纳波导足够光滑，可减少插入损耗、散射损耗等光损耗，增加耦合效率。微纳波导和微腔光学器件耦合距离合适，达到微纳波导表面倏逝波波矢和 WGM 波矢相位匹配条件（动量匹配条件），倏逝波耦合进入微腔中，激发微腔 WGM。调整微纳波导和微腔光学器件之间的距离为临界耦合距离时，可以激发微腔中高品质因子的 WGM。

2.2.1.2　微纳光栅和七芯光纤结合的耦合方式

微球腔中的 WGM 可以分为不同系列，根据应用的不同，需要有选择地抑制或增强微腔中的高阶 WGM。一方面，没有高阶模式的干净频谱有利于滤波和许多非线性应用。通过优化微腔的几何结构[243]，可以消除高阶方位角模式，但是高阶径向模式很难在不改变微腔结构的情况下消除。另一方面，高阶WGM 有利于微流体中的生化传感，依赖于高阶径向 WGM 可获得更高的灵敏度[244~247]。对于一般的 WGM 微腔，为了避免微腔的表面缺陷，需要高阶径向WGM，从而可以达到更高的品质因子[247]。

在本书中激发光学微腔中的 WGM 的另一种耦合方法是微纳光栅和七芯光纤结合的耦合方式。在之前的研究中已经被证明，微纳衍射光栅结构可以通过相位匹配设计，自由切换传播方向，选择性地抑制或增强不同阶径向 WGM[166,167,248]。同时，利用微纳衍射光栅可以实现与 WGM 的垂直耦合构型。之前的研究中都是侧耦合构型，通常具有不稳定性。微纳衍射光栅耦合器实现了对不同阶径向 WGM 的可控激发。光栅中的光是通过光纤纤芯传输提供。利用微纳光栅和七芯光纤的结合方便为结构提供光源和收集传感信号。这种结构为液体传感、带通滤波和光纤激光器等各种 WGM 应用提供了一种简单实用的配置。

工作原理：微纳光栅和微腔光学器件耦合距离合适，达到光栅表面的倏逝波波矢和 WGM 波矢相位匹配条件，倏逝波耦合进入微腔中，激发不同阶微腔 WGM。调整微纳光栅和微腔光学器件之间的距离为临界耦合距离时，可以激发微腔中高品质因子的 WGM。

2.2.2 微纳加工设备和方法

WGM 与多芯光纤结合具有多个优点，例如高灵敏度、灵活性等。其制备方法有很多种，第 1 章有详细说明，这里介绍制备方法。

采用 Nanoscribe GmbH 的 3D 双光子激光直写系统实现器件的制备，系统部分结构如图 2-5 所示。在微纳技术的制造发展领域，3D 双光子激光直写系统可制备多种多样的微纳结构和各种微纳光学元件的集成器件到微小的平台上，具有可观的制备精度，直写技术具有一定先进性[249~253]，能在生产和制备上有效改善大批生产问题。可以在想要的坐标位置、确定的位置和高度制备结构是其重要的优点，所以在非常小的光纤端面上不同位置和不同高度的微纳元器件结构可以被准确地直写。双光子激光技术制备时，焦点每次移动距离是 5nm，制备的结果中，椭圆形几何形状为其一笔的横截面形状，500nm 为其短长轴最小值，150nm 为其短半轴最小值。因此，各种形状微纳结构，只要大于 1000nm 高度和大于 300nm 宽度，都可以在实验制备中得以实现。

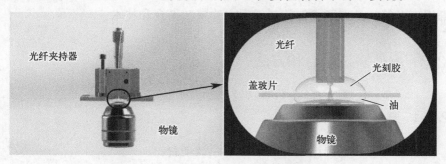

图 2-5　本书用到的 3D 双光子光刻设备[254]

制备过程中，采用 Nanoscribe GmbH[255] 公司的折射率为 1.52 的 IPL-780 光刻胶。实验中采用的七芯光纤是 $124.5\mu m$ 的包层直径、$6\mu m$ 的纤芯直径、$35\mu m$ 的相邻两芯中心间距、$70\mu m$ 的相对两芯中心间距，以及两端分别为裸露端和 FC 接口的七芯光纤跳线，来自英国 Fibercore 公司，裸露端可以制备微纳结构元器件。光纤端面上，单个纤芯，可用于反射光谱结构；相对纤芯，可用于透射光谱结构；多个纤芯，可用于多通道集成结构。各个纤芯都可以充分被利用作为微纳元器件结构的光源，同样也可以作为收集光学信号的通道，提供了方便的光源和光信号通道。

与通常制备在基底上的微纳结构的不同之处在于，七芯光纤端面作为基底，可以作为微纳米结构光学元件的集成平台，包括微锥体、微环、微棱柱、微纳光栅、微全反射棱镜、微型球支座、微型漏斗、微纳波导等。这样将传统微纳结构制备在光纤端面上，可方便后续的转移和操作等过程。为了降低样品制备过程的时间消耗、保证各个元件的表面平整光滑、减少各处的反射损耗，结构中的微棱柱、微棱镜、微纳波导、微环、微纳光栅、微型球支座、微型漏斗部分组件由人工编写程序直写得到；对于微锥体组件，利用 SolidWorks 画图软件和系统切割软件得到相应程序再直写得到；对于环形微腔的边缘部分，编写的步长较小，保证了微腔边缘部分的平整光滑。

3D 双光子激光直写的顺序设置为由下到上、由左到右完成器件的制备。各结构元件的生成顺序为：对于微纳波导耦合器件，首先完成两端的微棱柱、微全反射棱镜和微锥体的制备，再写出起支撑作用的结构部分，随后完成微纳波导、微环的制备；对于微纳光栅耦合器件，首先完成最底层光栅的制备，再制备出微球支座和漏斗结构部分。这种制备方式极大程度精确地控制了耦合间距，降低各结构元件间的互相影响。

在微纳结构制备方面，结合双光子光刻系统，完成了多种多样的不同应用场景的器件结构[256,257]，包括麦克风器件做在光纤端面上，以及拉曼器件做在光纤端面上等，具有了成熟的"纤上实验室"平台和技术。

2.2.3 器件测试平台和方法

2.2.3.1 器件测试平台

本书中所有实验测试全部基于以下测试平台。

图 2-6 为七芯光纤端面上 WGM 光学微腔器件传感性能表征系统示意图，

包括：七芯光纤端面上微纳波导作为耦合器件的透射光谱测试平台，见图 2-6 中的光路 I ；七芯光纤端面上微纳光栅作为耦合器件的反射光谱测试平台，见图 2-6 中的光路 II 。

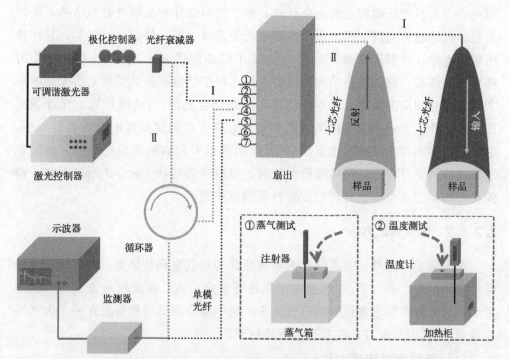

图 2-6　七芯光纤端面上 WGM 光学微腔器件传感性能表征系统示意图

(1) 七芯光纤端面上微纳波导作为耦合器件的透射光谱测试平台

图 2-6 中的光路 I 测试平台，为第 3 章双环形微腔光子分子结构和第 4 章波导耦合微球结构部分的传感表征实验测试装置。该测试系统由六部分组成，顺着光路依次为：采用可调谐二极管激光器（TLB-6728-P，Newport Ltd，美国）作为光源，七芯光纤扇出装置（MCFFO-S-07/37-1550-SM01-FC/APC-C，Fibercore Ltd，英国）、七芯光纤端面传感器件、蒸气/加热室、光电探测器（DETO8CFC/M，Thorlabs Ltd，美国），以及用于记录光谱数据的示波器（DSO7052B，Tektronix Ltd，美国）。

(2) 七芯光纤端面上微纳光栅作为耦合器件的反射光谱测试平台

图 2-6 中的 II 光路测试平台，为第 4 章光栅耦合单个微球结构部分和第 5 章光栅耦合双微球结构的传感表征实验测试装置。该测试系统和波导耦合结构测试系统有相同部分，由八部分组成，顺着光路依次为：光源、衰减器、环形

器、扇出装置、七芯光纤端面传感器件、蒸气/加热室、光电探测器和示波器。

光路中各部分的作用：对于可调谐激光器，可调波长范围是 1520～1570nm，可以选择波长范围进行测试。扇出装置的一侧有 7 根单模光纤，分别对应于七芯光纤端面上的七个纤芯。对于微纳波导作为耦合器的结构，测试的是结构的透射光谱，所以每个传感单元都需要七芯光纤的一对光芯，且和扇出装置连接，分别用来耦合光进入/离开不同的传感单元。对于微纳光栅作为耦合器的结构，测试的是结构的反射光谱，每个传感单元只需要七芯光纤的一个纤芯，且和扇出装置、环形器连接，用来耦合光进/出传感单元。光纤端面的传感器件位于一个既可以测试蒸气响应，又可以测试温度响应的容器瓶中。通过光电探测器，从结构出来的透射/反射光信号可以转换成电信号，最后显示在示波器上并存储以待后续数据处理。可以通过切换 Fan-out 端口设置，得到光纤端面上多个集成结构的传感特性响应光谱。

2.2.3.2 器件测试方法

在实验中，选择了有通气孔的玻璃瓶作为蒸气室和加热室，确保蒸气和温度传感测试时，蒸气室/加热室内压强保持恒定。微孔在玻璃瓶盖上，直径非常小，可以忽略蒸气测试时的蒸气流失。整个实验测试过程都是在一个大气压和常温环境（101325Pa 和 22℃）下进行的。

（1）蒸气响应测试方法

蒸气测试表征包括浓度响应表征和时间响应表征。在这两种响应表征过程中，注入蒸气室内的不同种类、不同浓度的有机溶液，都停留等待 30min，认为蒸气室上方蒸气浓度稳定，可在蒸气室溶液上方形成不同浓度的稳定的有机溶液蒸气测试环境。样品置于这一环境中，可以对器件的蒸气响应进行全面表征。蒸气浓度具体数值可由式（2-23）计算获得。对于蒸气浓度响应测试，浓度从 0% 增加到 2%，每次变化 0.2%，每次等待 10～15min，保证溶液饱和蒸气浓度保持稳定。不同蒸气浓度等待相同的时间得到的随浓度变化的光谱曲线为器件的浓度响应。同一蒸气浓度等待不同的时间得到的随时间变化的光谱曲线为器件的时间响应。

（2）温度响应测试方法

温度测试表征时，器件同样放到开孔的加热室内。电热温度计随器件一同置于加热室内，检测加热过程中器件周围的环境温度。为了保持加热室内温度恒定，用锡纸包裹瓶身。将加热室放于加热台上，给器件周围加热到不同温度，测试器件的温度响应。从室温 22℃到 140℃，每隔 5℃保存一组数据，每次等待 10～15min，保证瓶内器件周围温度的均一稳定。不同温度等待相同时间得到的随温度变化的光谱曲线为器件的温度响应。

2.3　本章小结

本章讲述了回音壁模式光学微腔基本理论和本书研究内容的实现方式，为后续研究工作做理论基础和实验制备铺垫。首先，主要讲述了基本理论中 WGM 微腔基本理论；WGM 微腔表征参数，包括共振波长、模式体积、品质因子、光谱线型和自由光谱范围；WGM 传感机制，包括模式移动、模式展宽和模式劈裂；以及 WGM 传感性能指标，包括灵敏度、探测极限等。其次，详细阐述了回音壁模式光学微腔的蒸气浓度响应机制和温度响应机制，对后续工作中出现的传感现象进行理论指导。接着讲述了回音壁模式光学微腔的实现方式，利用两种耦合方式分别对回音壁模式进行激发，包括微纳波导耦合方式和微纳光栅耦合方式。这两种耦合方式与七芯光纤相结合，完美实现了光的输入、回音壁模式的激发和信号的收集，是简单的光路过程，为"纤上实验室"提供了新颖的实现方法，可以推进"纤上实验室"的进一步发展。最后，讲述了光学微腔的制备设备和方法、测试平台和方法，利用双光子光刻技术制备三维立体高度集成的光学微腔结构，实现了光纤端面实验室平台的高集成度，充分证明双光子光刻是实现光纤实验室平台微纳结构制备的良好技术。因为有两种耦合方式，搭建了两套传感性能测试系统。对于微纳波导耦合方式，得到透射光谱，选用透射光谱测试系统；对于微纳光栅耦合方式，得到反射光谱，选用反射光谱测试系统。整章为第 3～5 章的内容做了充分的铺垫。

第3章
七芯光纤端面双环耦合回音壁模式微腔有机蒸气传感

高集成度是"纤上实验室"发展的一个必然趋势，是相关研究人员追求的目标。如何将更多的功能化微纳光学元件集成在直径只有 $125\mu m$ 的光纤端面上，并且实现良好的鲁棒性，是当前一个关键性的科学技术问题。

笔者也在这一方向做了一定的探索，在七芯光纤端面上实现了六个微环腔的三维空间内的高度集成[172]。但是在该工作中，由于微环腔结构是悬空设计的，当微环的半径比较大的时候，在表面张力的作用下微环会被拉伸变形。针对这一问题，本章中提出了七芯光纤端面上垂直叠放的三重光子分子高集成度、高鲁棒性的有机蒸气气体传感器件的设计方案，并在实验中实现了器件的制备和表征。

3.1 光子分子结构简介

从与量子力学类比的角度来看，耦合腔中的光模式相互作用类似于化学分子中的电子态，耦合微环腔可以看作一种光子分子结构。

早在很久以前就已经有人注意到，量子力学中的原子能级和经典电磁学的模式在数学结构上存在相似性。基于这种相似性，Stephen Arnold 等人首先引入光子原子这一概念[258]，而光子原子的结合就构成了光子分子。光子分子一般是两个或多个光子谐振子相干耦合在一起的一种光学系统。

光子分子具有一定的光谱特性，这些特性与给定分子构型的拓扑和几何结构密切相关。原子的数量决定了光谱成分中共振峰的数量，这些成分可以根据对称性进行劈裂或简并。空间构型决定了劈裂组分相对于未耦合共振峰的光谱位置。劈裂的精确量取决于给定系统的参数，如微球的直径和折射率以及周围介质的折射率。然而，从更定性的角度来看，劈裂的类型取决于给定分子的对称性和拓扑结构，因此它代表了给定光子分子的光子原子数量和它们的空间排列。稳定的光谱特性由劈裂组分的总数和相对单位考虑的光谱位移来表示。这些特性的组合称为光子分子的光谱特征[259]。

当两个谐振腔发生相干耦合时，两个原始简并光模式会紧密结合在一起，这种结合可以分为反对称模式(antibonding mode)和对称模式(bonding mode)两类。与原始的模式相比，反对称模式共振波长（或频率）显示蓝移，对称模式共振波长（或频率）显示红移。耦合腔中的反对称模式和对称模式不仅导致了正常模式的劈裂，而且还在两个耦合腔之间产生了吸引和排斥的光力，这使得利用光力控制光子结构成为可能。通过改变其中一个谐振器的光学或几何参数，可以很好地调谐两个反对称和对称束缚模式的共振波长差，可以调谐耦合共振的光谱形状。

多年来，人们对光子分子在理论和实验上进行了广泛的研究[260~262]。多种多样的光子分子结构也被相继报道，例如，基于 WGM 的微盘[263~266]、微环[267]、微球[259]、微棒[268] 和微光纤[269] 等光子分子结构；基于金属纳米颗粒的表面等离子体共振模式的光子分子结构；以及金属纳米结构发展出的各种类型简单光子分子，包括二聚体[270]、三聚体[271]、平面四聚体[272]、六聚体和七聚体[273]。

在基于 WGM 微腔构成的光子分子研究方面，最初大部分报道的光子分子要求两个相邻的微腔具有高度相似的尺寸。而对于微球腔来说，要想做到两个微球腔共振峰完全重合[260,274~276] 是一项挑战，往往需要通过人工从数百个标准尺寸偏差约 1% 的球体中挑选出几个具有相似 WGM 峰位的球体来解决。尽管如此，1999 年，人们依然在两个接触的聚合物球（双球）系统中观察到了相干共振耦合的正态分裂[260]。之后，各种调控微腔的方法被相继报道，例如：利用共振光力的方法，对微球进行操纵[277~279]，实现了基于共振光力对微球大规模筛选的实用方法[280]；2007 年，实现了调节微盘光子分子参数来控制和修改模式波长和品质因子[281]；2012 年，基于两个微盘的光子分子共振模式的热调谐实现了最大的光谱重叠，实现了直接耦合引起的模式分裂[282]；2016年，实现了可高度精确地调谐光子分子聚合物微谐振器的耦合间隙[283]；2017年，Yangcheng Li 等人研究了共振微球与波长匹配的回音壁模式构建的光子分子中的回音壁模式杂化。这些进展使得人工光子分子制备获得了新技术。实际上，不同尺寸的微腔之间也可以实现耦合。2018 年，Jiawei Wang 等人在研究中，利用一个微球腔和一个微管腔组成了一种新颖的光子分子，尽管两个腔体尺寸存在显著差异，但也实现了强耦合[284]。

在基于金属纳米颗粒表面等离子体共振耦合的光子分子研究方面，2004年人们利用等离子体杂交的方法，实现了纳米粒子二聚体等离子体激元的组合[270]；2006 年，实现了对称构型纳米球三聚体和四聚体的等离子体的组合[271]。

由于光子分子丰富的物理特性，其在应用方面也获得了广泛的重视。在基础研究应用中，光子分子可以用于实现品质因子的显著提高[261~285]、工程光子态密度的显著提高，设计光学超模结构[286,287]，实现单向光输运特性的结构[149]，实现光场的操纵[288,289]，以及探索光子学中的量子光学类比等。在微腔激光器方面，光子分子用于降低激光器的阈值，实现激光定向发射模式[290]；可调谐滤波器和开关；可控脉冲延迟特性的耦合腔波导和具有所需光谱特性的传感器[261,274,290~297]。在传感应用方面，基于一个被特别功能化的谐振器组成的光子分子可以实现自参考传感，增强对环境变化的敏感度[294,298]；由三个或三个以上谐振器组成的光子分子表现出更复杂的光谱特性，这可以看作是谐振器各种耦合排列的"指纹"；由两个等离子体耦合金属纳米颗粒构成的光子分子，用于精确监测纳米粒子之间的距离[299]。

然而，目前为止，对光子分子的研究大多是基于片上系统的，关于光纤端面上光子分子的报道很少。本章提出的光子分子是光纤端面上基于 3D 双光子光刻技术制备的双环形微腔结构，可作为气体传感器用于不同类型的有机蒸气传感应用。

3.2　双环耦合回音壁模式微腔光学特性

本章所采用的双环形微腔光子分子的结构设计如图 3-1 所示。从图 3-1(a) 中可以看到，结构中的光子分子是由两个完全相同的环形微腔组成，且两个环形微腔之间没有直接接触，而是有一个间隔，保持了一定的耦合距离，这样有望提高结构中 WGM 的品质因子。环形微腔横截面是椭圆形，如图 3-1(b) 所示。两个环形微腔具有完全相同的几何结构参数。光子分子结构中主要几何结构参数包括：微腔半径（r）、两个环形微腔之间的间隔（d）、微腔折射率（n），以及环形微腔横截面椭圆的短半轴（a）和长半轴（b）。

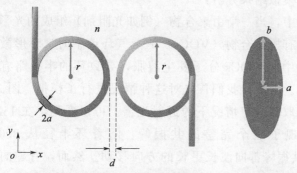

(a) 双环形微腔光子分子结构2D示意图　　(b) 环形微腔横截面放大图
图 3-1　双环形微腔光子分子的结构设计

为了得到光子分子的光谱特性，便于指导后续实验制备中结构设计，采用时域有限差分法对光子分子光学特性进行了数值模拟分析。数值模拟的具体目标在于：

① 观察和分析光子分子结构光谱中回音壁模式劈裂的光谱特性、对应共振峰位的电磁场分布；

② 阐明光子分子结构的几何结构参数对其光学特性的影响，主要包括 r、d、n 以及 a 和 b。

在数值模拟计算中，为了节省计算时间，采用了 2D 模型。模型中具体参数设置为：光源为 mode 模式，波长范围 1520～1570nm，光源置于微纳波导内；power 监视器置于相对应的另一端的微纳波导内，用于记录透射光谱信息，网格设置为 1/10 个波长。

基于实验室的制备条件和环形微腔设计工作经验，特别是考虑到 3D 双光子光刻激光直写制备技术中激光焦点所写下线条的横截面为椭圆形，模拟中的光子分子结构各个几何结构参数设置为：$r=8\mu m$，目的是在考虑光纤实验室平台的大小（光纤直径为 $125\mu m$）、光芯之间间隔要求、减少光的弯曲损耗的前提下，提高 WGM 的品质因子；$d=0.1\mu m$；环形微腔横截面 $a=0.25\mu m$、$b=1\mu m$，结构如此薄和如此矮的环形微腔有助于减少光在微腔内的损耗；两根微纳波导的几何结构参数也保持一致，长为 $10\mu m$，宽为 $0.5\mu m$，高为 $1\mu m$，这样的几何结构参数可以将微纳波导的一端完全嵌入到环形微腔内，目的是减少微纳波导和环形微腔连接处的光损耗。整个结构，包括环形微腔和微纳波导的材料折射率，都设置为 $n=1.52$，和实验制备中所用光刻胶折射率相一致。

光子分子数值模拟结果分析：

考虑到在实验中，当一个由聚合物（例如光阻剂）组成的光子分子器件被放置在一种挥发性有机化合物（VOCs）的蒸气环境中时，环形微腔的半径可能会因为吸收蒸气中的 VOCs 分子发生溶胀，导致环的半径略有增大，环与环之间的间隔减小。因此，我们首先对这种情况进行了模拟。图 3-2(a) 给出了环形微腔的半径取不同值情况下的透射光谱。可以看到，在 1520～1570nm 整个光谱区域出现了三个完整的共振峰，随着环半径从 $8.0\mu m$ 增加到 $8.04\mu m$，所有的共振峰都向波长更长的方向移动。然而，有趣的是，三个共振峰的漂移速度不同，第一个和第三个的共振峰漂移几乎相同，而第二个共振峰漂移大于第一个和第三个。这是因为所有的共振峰都会随着环半径的增大而红移。但是在环增大时，环与环之间的间隔同时也在减小，而环与环之间的间隔变化对三个共振峰的影响是不同的。

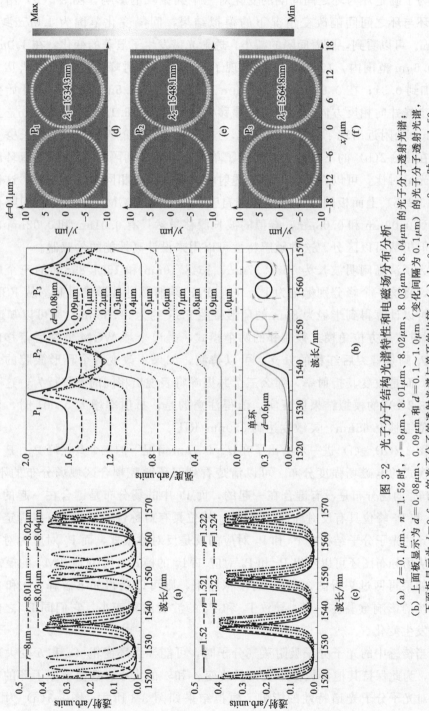

图 3-2 光子分子结构光谱特性和电磁场分布分析

（a）$d=0.1\mu m$，$n=1.52$ 时，$r=8\mu m$，8.01μm，8.02μm，8.03μm，8.04μm 的光子分子透射光谱；
（b）上面板显示为 $d=0.08\mu m$，0.09μm 和 $d=0.1\sim1.0\mu m$（变化间隔为 0.1μm）的光子分子透射光谱，下面板显示为 $d=0.6\mu m$ 的光子分子的透射光谱与单环的比较；（c）$d=0.1\mu m$，$r=8\mu m$ 时，$n=1.52$，1.521，1.522，1.523，1.524 的光子分子透射光谱；（d）～（f）P_1，P_2 和 P_3 的电磁场强度分布

为了确定环与环之间间隔的变化对三个共振峰的影响，图 3-2(b) 给出了只有环与环之间间隔改变情况下的模拟结果，间隔变化范围为 $1.0\mu m \geqslant d \geqslant 0.1\mu m$。可以看到，随着间隔的减小，透射光谱发生了显著的变化：在 $1.0\mu m \geqslant d \geqslant 0.6\mu m$ 范围内，1542.5nm 处出现了透射峰，透射峰的透射强度从几乎为 0 增加到 0.31；在 $0.6\mu m \geqslant d \geqslant 0.1\mu m$ 范围内，1542.5nm 处透射峰开始劈裂为两个峰并向相反方向移动，波长漂移幅度分别为 +6.1nm 和 -8.5nm，且在 1565nm 处附近出现了一个新的峰值，这是环的下一阶 WGM 的短波长劈裂分支。在图 3-2(b) 的下面板中，给出了单个环形腔和间隔为 $0.6\mu m$ 的双环腔的透射光谱对比，可以看到：两者的透射峰出现在完全相同的波长位置。这证实了图 3-2(b) 上面板的透射峰值都来自基本的单环 WGM。此外，将间隔再次减小到 $0.09\mu m$ 和 $0.08\mu m$，峰值的波长漂移虽然只有 0.01nm 和 0.02nm 的变化，但仍然可以区分。这种敏感特性可以用来设计高性能的传感器。

为了清晰阐明波长为 1534.37nm、1548.10nm 和 1564.85nm 的三个峰的来源，将这三个峰分别标记为 P_1、P_2、P_3，详细探讨其形成机制。从 FSR 来看，可以计算得到半径为 $8\mu m$ 的环形微腔 FSR 约为 32.55nm，则可以知道 P_1 和 P_3 应该是方位角模式数相邻的两个模式，是单个环 WGM 劈裂后蓝移的分支，P_2 则是劈裂后红移的分支。可以猜测，如果不改变两个环形微腔的几何参数，而是改变其折射率，那么三个共振峰将表现出相同的漂移行为，这一点被图 3-2(c) 的模拟结果所证实。值得注意的是，折射率增大 0.001 时，对应的峰值漂移 0.65nm，灵敏度达到 650nm/RIU。

图 3-2(d)～(f) 进一步给出了在 $d=0.1\mu m$ 情况下的三个共振峰 P_1、P_2、P_3 对应模式的电磁场强度分布。可以清楚看到双环微腔耦合区域场分布的不同，P_1 和 P_3 的场分布是没有键合在一起的，而 P_2 中的场分布是键合在一起的，场在 P_1 和 P_3 峰位具有反对称性，而在 P_2 峰位具有对称性。至此，可以确定在我们设计的光子分子结构中 P_1 和 P_3 对应的就是反对称模式，而 P_2 对应为对称模式。从场分布图还可以看出 P_1 和 P_2 对应 TM_{43} 的模式，P_3 对应 TM_{42} 的模式。

如果再回过头看图 3-2(a) 的模拟结果，则可以获得如下解释：r 和 d 对共振峰的影响重叠在一起，导致 P_1 和 P_3 的波长漂移变小，它们同 P_2 之间的间隔发生变化。

当传感中的光子分子吸附蒸气分子时，可能导致环变粗（a 和 b 变大）、d 变小，为此保持其他参数都不变，只改变 a 和 b 的大小，数值模拟了环的粗细变化对光子分子光谱特性的影响。模拟结果如图 3-3 所示：图 3-3(a) 为 a 从 $0.25\mu m$ 变化到 $0.27\mu m$、b 从 $1\mu m$ 变化到 $1.2\mu m$ 的模拟结果；图 3-3(b) 为 a 从

$0.25\mu m$ 变化到 $0.256\mu m$、b 从 $1\mu m$ 变化到 $1.006\mu m$ 的精细变化的模拟结果。可以看到，当环逐渐变粗时，所有共振峰都红移，并且三个峰的漂移量几乎没有差别。

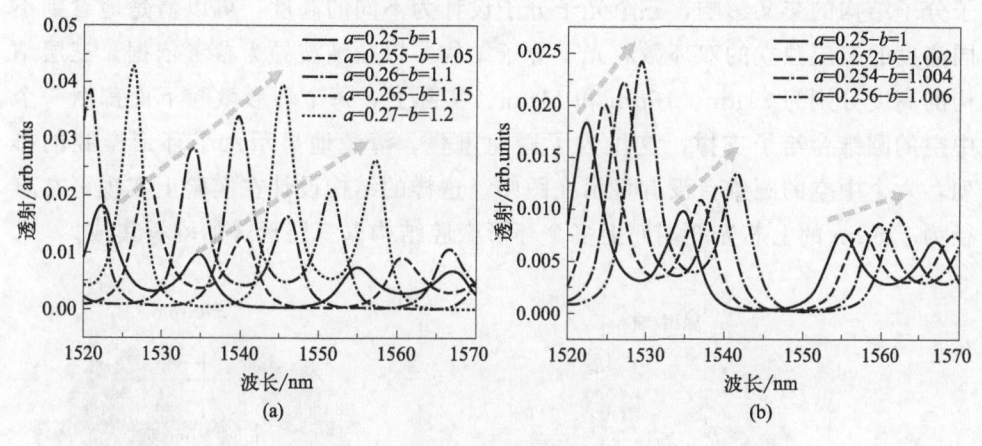

图 3-3　模拟结果

（a）$a=0.25\mu m$、$0.255\mu m$、$0.26\mu m$、$0.265\mu m$、$0.27\mu m$，$b=1\mu m$、$1.05\mu m$、$1.1\mu m$、$1.15\mu m$、$1.2\mu m$ 的透射光谱；（b）$a=0.25\mu m$、$0.252\mu m$、$0.254\mu m$、$0.256\mu m$，$b=1\mu m$、$1.002\mu m$、$1.004\mu m$、$1.006\mu m$ 的透射光谱

折射率和环粗细的变化都是改变了光程，所以光谱变化表现一致。它们的计算结果显示三个峰的漂移量差别不大，说明共振模式的传感灵敏度相同。

光子分子结构中的四个几何结构参数（r、n、a 和 b）的增大都会导致共振峰红移，同时也伴有各自的特点。所以说，实验传感过程中会伴随着所有参数的可能变化，传感测试结果应该是所有参数的共同作用结果。所以在传感中，最明显的现象应该是红移现象，不同共振峰的强度变化、峰位移动量的变化较小。只有 d 的改变会导致对称和反对称模式共振峰漂移量的差别，因此通过观察对称和反对称模式共振峰间隔的变化，可以获得两个环形微腔之间间隔变化的信息。

3.3　七芯光纤端面上 3D 空间集成双环耦合回音壁模式微腔实现

3.3.1　3D 空间集成双环耦合回音壁模式微腔设计

图 3-4 给出了七芯光纤端面上空间集成的双环耦合光学微腔光子分子传感

器结构示意图。图 3-4(a) 为整个结构的俯视图；图 3-4(b)～(d) 为不同角度的侧视图，且分别给出了三个光子分子结构的几何构型设计。为了避免三个光子分子结构的交叉影响，三个光子分子设计为不同的高度，可以清楚地看到不同高度的三层独立的双环微腔光子分子结构。以微纳波导为参考依据，三层结构的高度分别为 $21\mu m$、$16\mu m$ 和 $11\mu m$。实际上，每个环形微腔下面都由一个中空的圆锥台给予支撑，这里为了避免重叠、清楚地显示六个环形微腔的排列，六个中空的圆锥台没有显示在图中。这样的结构设计在实验上实现了在直径为 $125\mu m$ 的七芯光纤端面上多个环形微腔结构以三层形式的堆叠集成。

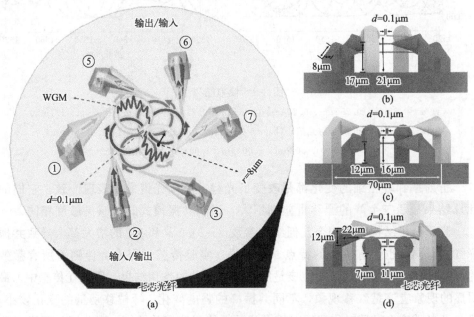

图 3-4　七芯光纤端面上堆叠的三个光子分子结构示意图
(a) 整体俯视图和光路图；(b) ～ (d) 不同角度侧视图和几何参数设计

这样的设计完全依赖于七芯光纤的七个纤芯中的周围六个纤芯。对于每个光子分子器件，都需要有光的输入通道和信号的收集通道。那么在这里，每个光子分子器件的光的输入通道和信号收集通道正好对应于七芯光纤的一对相对的纤芯，如图 3-4(a) 所示，①、②、③、⑤、⑥、⑦分别是七芯光纤的六个纤芯光通道，七芯光纤的三对相对的纤芯分别为①对⑦、②对⑥和③对⑤。在示意图中，①、⑦对应于顶层的光子分子结构；②、⑥对应于中间层的光子分子结构；③、⑤对应于底层的光子分子结构。光的输入和信号的收集对应的两个纤芯通道都可以相互调换，也就是①②③和⑦⑥⑤既可以作为光输入通道，也可以作为信号收集通道。再加上后续测试中用到的扇出测试工具，这样就很完美地实现了对光子分子器件光输入和传感信号收集的无顾虑且方便的操作。由于七芯光纤每对相对纤芯之间的角度差 $60°$，所以三层光子分子结构以相差 $60°$ 的角度在空间上独立存在、互不影响，完全可以作为三个独立的传感器件。

每对环形腔都连接到带有微锥体的微纳波导上，六个微锥体连接到六个微型全反射棱镜上，这些微型棱镜由六个微棱柱支撑，如图 3-4(b)～(d) 所示。六个微棱柱正好位于七芯光纤的六个纤芯上，一一对应。从纤芯出来的光波，经过微棱柱，进入 $45°$ 的微型全反射棱镜，其将纤芯中垂直光纤端面方向出射的光波转变为沿着光纤端面平行传输的光波，再进入到与其相连接的微锥体以及微纳波导中，最后进入光子分子结构中。采用有间隔的双环形微腔的耦合，使得从一端纤芯中出射的光波经微型反射棱镜、微锥体和微纳波导耦合进入双环形微腔中。光波在光子分子结构中激发不同的 WGM 后，携带 WGM 信号传输至输出端，再经微纳波导、微锥体、微棱镜、微棱柱进入另一端纤芯中。

位于六个纤芯上的六个微棱柱不仅起到光波的传输作用，而且起到对整个结构的支撑作用。微型全反射棱镜设置的是 $45°$ 底角，可使得从纤芯中输出的大部分光波入射到微型全反射棱镜后满足全反射条件，使得大部分光进入光子分子中，减少损耗。微锥体是用于将全反射回来的光波收集耦合进入微纳波导中。微锥体的顶角设置为 $33.4°$，目的是在微锥体和微纳波导耦合时，尽可能满足绝热条件[300]，减少对传感信号的影响。

环形微腔光子分子的几何结构构型及参数：微棱柱底面为 $8\mu m \times 8\mu m$ 的正方形，高度为 $16\mu m$；微型全反射棱镜的底面为 $8\mu m \times 8\mu m$ 的正方形，高度为 $8\mu m$，全反射面与光纤端面的夹角为 $45°$，所以上文中称为 $45°$ 的微型全反射棱镜；本节中提到的微锥体也就是微型圆锥体，底面为直径 $12\mu m$ 的圆，高度为 $20\mu m$；微纳波导横截面近似为椭圆形，其短半轴和长半轴分别为 $0.25\mu m$ 和 $0.5\mu m$，微纳波导的长度为 $10\mu m$（依赖于七芯光纤纤芯之间的间隔和环形微腔的大小）；环形微腔之间的间隔 $d=0.1\mu m$，环的半径相同（$r=8\mu m$），折射率 $n=1.52$。微棱柱、微棱镜和微锥体的部分参数标注如图 3-4(b)～(d) 所示。

每一层结构都是一个独立的光子分子结构，每个光子分子都是一对独立耦合的环形微腔，都是一个独立的传感单元。环形微腔吸附和释放有机蒸气时产生折射率和形状的可逆性变化，从而导致环形微腔的模间干涉光谱发生移动，实现光子分子对有机蒸气的传感。

3.3.2 3D 空间集成双环耦合回音壁模式微腔的制备

实验中采用 3D 双光子激光直写技术和 Nanoscribe GmbH 公司的 IPL-780
光刻胶，在七芯光纤端面上制备了双环形微腔光子分子结构。

图 3-5 为光纤端面上堆叠的三个光子分子结构的扫描电子显微镜图像。可
以清楚地看到，整个结构表面平整光滑、干净整洁。图 3-5(a) 为三个光子分
子结构在光纤端面的整体图；图 3-5(b) 为三个光子分子结构的侧视图；
图 3-5(c) 为三个光子分子结构的俯视图；图 3-5(d)～(f) 为三个光子分子结
构的细节放大图。微棱镜和微锥体之间、微纳波导和微锥体之间、微纳波导和
环形微腔之间衔接完好，环形微腔边缘光滑。45°微型全反射棱镜反射面具有
高平整度，如图 3-5(d) 所示。三层光子分子的双环形微腔由不同高度的空心
锥支撑，如图 3-5(b) 所示。为了避免中间层和底层的环形微腔与顶层或中间
层支撑环形微腔的空心锥相交，在顶层和中间层支撑环形微腔的空心锥上设计
了多个窗口，如图 3-5(b)、(e)、(f) 所示，通过这些窗口，环形微腔可以避
免与空心锥接触，因为环形微腔与周围部件的接触会造成微腔内的光能损耗。
从图 3-5 所示的扫描电子显微镜图像得知，采用 3D 光刻制备技术可以得到很
好的高度集成的光子分子结构。

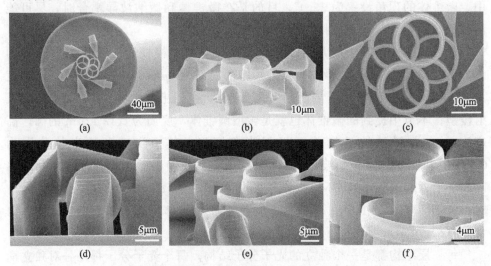

图 3-5 光纤端面上堆叠的三个光子分子结构的扫描电子显微镜图像

（a）整体图；（b），（c）侧视图和俯视图；（d）～（f）微棱镜、微环、微纳波导和

微锥体之间的连接以及环形微腔之间的间隔的放大图

接下来在光学显微镜下观察不同高度的三个光子分子结构不同端口输入光的情况，如图 3-6 所示。第一列、第二列和第三列分别对应于顶层、中间层和底层的光子分子结构光学显微镜图。第一行、第二行和第三行光学显微镜图分别对应于不通光、从一端输入光和从另一端输入光的情况（相对的两个纤芯中的任何一个都可以作为输入光端口或输出光端口）。图中①②③⑤⑥⑦代表七芯光纤的周围六个纤芯，①⑦、②⑥、③⑤分别是七芯光纤三对相对的纤芯，和图 3-4(a) 保持一致。

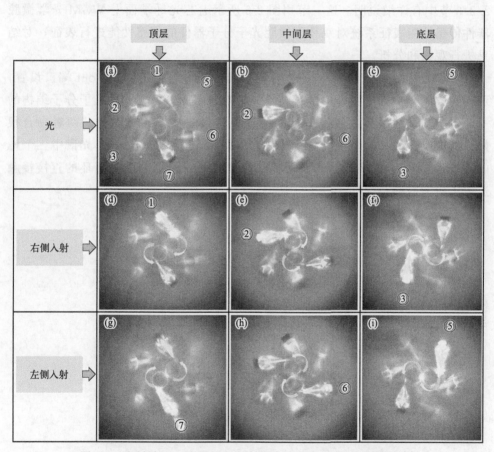

图 3-6　光纤端面上堆叠的三个光子分子结构的光学显微镜图像

(a)~(c) 没有通光时的三个光子分子结构光学显微镜图；(d)~(f) 从一端输入光时的三个光子分子结构光学显微镜图；(g)~(i) 从另一端输入光时的三个光子分子结构光学显微镜图

图 3-6 中箭头代表了通光后，光子分子结构中的光路走向。在显微镜下，通过调节聚焦点的位置，可以很清楚地看到不同高度的三层光子分子结构，以及通光后的环形微腔中的光路。由此证明光子分子结构中，无论从哪一端口通

光，其光路都是通的，光很完美地从一端光纤通过微棱柱、微棱镜、微锥体和微纳波导进入光子分子中。显微镜图中可以看到结构中有部分漏光现象，但并不影响本身光子分子光学模式的形成和光信号传输。

3.3.3 可挥发有机物蒸气传感特性表征

光纤端面上堆叠的三个光子分子结构传感性能表征测试装置在第 2 章 2.2.3 节中有详细说明。这一节用图 2-6 所示七芯光纤端面上 WGM 光学微腔器件传感性能表征系统对双环形微腔光子分子器件的传感性能进行表征，对结果进行观察和分析。

对于光纤端面上三个不同的光子分子器件，通过切换 Fan-out 端口设置，可得到不同光子分子器件的传感特性光谱响应。图 3-7 给出了光子分子结构的一个实验测试结果和数值模拟结果的经典透射光谱归一化对比，两者吻合很好。其中实验值和模拟值的 FSR 分别为 30.68nm 和 30.48nm。光谱中三个峰的 Q 分别为 571、643 和 626。之所以 Q 比较低，是因为波导与环的直接接触造成了较大的耦合损耗。

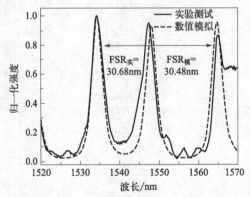

图 3-7 光纤端面上光子分子结构的数值模拟结果和
实验测试结果的经典透射光谱归一化对比

每一层光子分子结构都是一个独立的传感单元，因此，需要分别表征三个光子分子结构器件在不同溶液蒸气下的传感性能。以第 2 章介绍的显影液（PGMEA）、异丙醇（IPA）和乙醇（ALC）三种 VOCs 蒸气作为被检测对象，表征了光子分子结构对这三种类型的挥发性 VOCs 蒸气的浓度响应、时间响应等传感性能。

3.3.3.1 光子分子浓度响应

首先对光子分子传感器件做了蒸气浓度响应表征。图 3-8 是三个光子分子对三种 VOCs 蒸气的浓度响应测试结果。

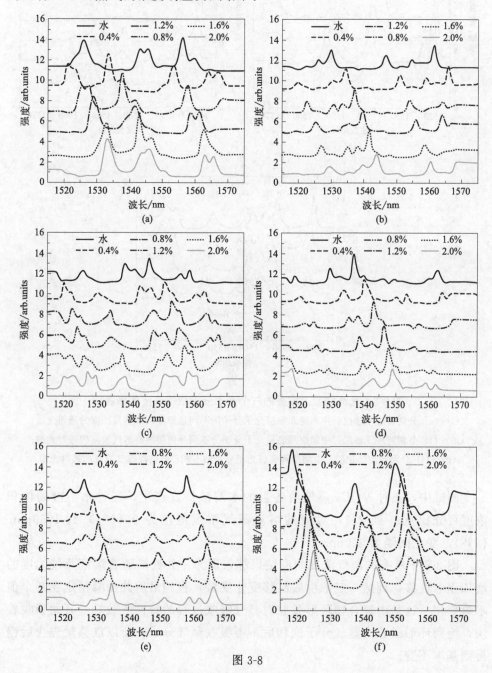

图 3-8

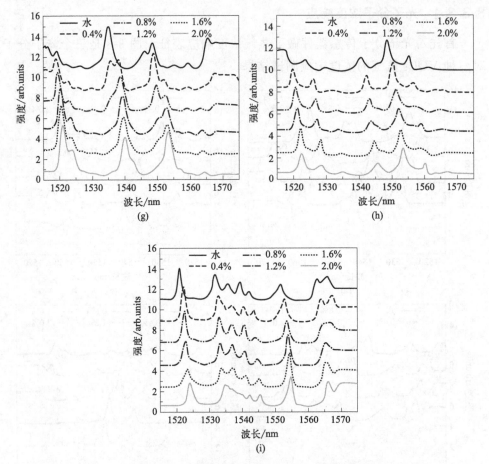

图 3-8 光纤端面上堆叠的三个光子分子结构浓度传感表征
(a)～(c) 分别对应于顶层、中间层和底层光子分子的不同显影液溶液蒸气浓度的透射光谱；
(d)～(f) 分别对应于顶层、中间层和底层光子分子的不同异丙醇溶液蒸气浓度的透射光谱；
(g)～(i) 分别对应于顶层、中间层和底层光子分子的不同乙醇溶液蒸气浓度的透射光谱

测试中，三种 VOCs 蒸气由各自的水溶液挥发产生，三种水溶液的体积浓度百分比从 0 到 2%，对应的溶液蒸气浓度范围为 0（0%）到 1550ppm（2%），变化间隔为 310ppm。

图 3-8 中所有的蒸气浓度响应结果都表现为：共振峰随着溶液蒸气浓度的增加逐渐红移，到达一定浓度后红移变化变缓，直到最后共振峰稳定在某个值不再变化。这是由聚合物环形微腔对蒸气吸收过程的特性所致，一开始吸收较快，等到环形微腔内蒸气分子饱和后不再吸收蒸气分子，所以红移量先快后慢再到基本不变。

　　分析图 3-8 中的一个透射光谱图数据，例如 PGMEA 蒸气，如图 3-8（a）所示，可以观察到同一光谱中不同模式共振峰漂移量不同。将浓度为 0.4％和 2.0％的两条光谱曲线做对比，可以看出：浓度为 2.0％时的第一个峰和第二个峰之间的间距比浓度为 0.4％时的小了很多，第二个峰值和第三个峰值之间的间距比浓度为 0.4％的情况下大了很多，而第一个峰值和第三个峰值之间的间距比浓度为 0.4％的情况下小了一些。这意味着第一个峰值和第三个峰值的浓度传感灵敏度都要比第二个峰值高。也就是说，对称模式和反对称模式表现出不同的浓度灵敏度响应，和前面的数值模拟结果保持一致。

　　另外，在透射光谱中除了大的共振峰属于 WGM 峰值外，还有很多小的共振峰，这些小的波动是测试光路中不同模式之间的干涉造成的。

　　表 3-1 为图 3-8 实验数据的提取总结。可以直观地看到集成的三个光子分子器件分别对三种溶液蒸气的浓度传感响应，以及它们之间的传感性能对比。顶层光子分子共振峰的漂移量相对于中间层和底层光子分子共振峰的漂移量要大，对 PGMEA、IPA 和 ALC 的浓度响应共振峰漂移量分别为 18.31nm、10.23nm 和 4.99nm。三个光子分子，对 PGMEA 的浓度响应最高，共振峰漂移量分别为 18.31nm、14.6nm 和 13.48nm；对 ALC 的浓度响应较低，漂移量分别为 4.99nm、4.89nm 和 3.14nm；而对 IPA 的浓度响应共振峰漂移量分别为 10.23nm、8.17nm 和 6.72nm。在蒸气浓度低于 200ppm 时，三个光子分子对 PGMEA 溶液蒸气的浓度响应可分别达到 25.95pm/ppm、15.90pm/ppm 和 16.88pm/ppm；对 IPA 溶液蒸气的浓度响应可分别达到 12.15pm/ppm、8.88pm/ppm 和 8.84pm/ppm；对 ALC 溶液蒸气的浓度响应可分别达到 9.35pm/ppm、4.15pm/ppm 和 4.14pm/ppm。充分证明器件对溶液蒸气浓度响应的传感优越性。

表3-1　光纤端面上堆叠的三个光子分子结构对三种溶液蒸气浓度传感总结

位置	共振峰位置 /nm	品质因子	三种溶液蒸气	Δλ /nm	浓度响应灵敏度 / (pm/ppm)
顶层	1526.19	1130	ALC	4.99	3.22
			IPA	10.23	6.61
			PGMEA	18.31	11.8
中间层	1542.8	1000	ALC	4.89	3.15
			IPA	8.17	5.27
			PGMEA	14.6	9.42

续表

位置	共振峰位置 /nm	品质因子	三种溶液蒸气	Δλ/nm	浓度响应灵敏度 / (pm/ppm)
			ALC	3.14	2.03
底层	1527.3	800	IPA	6.72	4.34
			PGMEA	13.48	8.7

图 3-9 总结了共振峰漂移量实验值与蒸气浓度之间的定量关系，图中实心点对应的数据来自图 3-8 所示实验结果数据的提取，实线数据是拟合数据，依据 Langmuir[171,172] 等温线拟合，得到了最佳实验数据拟合趋势，三种有机溶液蒸气的拟合曲线与实验结果吻合较好。三种光子分子对蒸气浓度约为

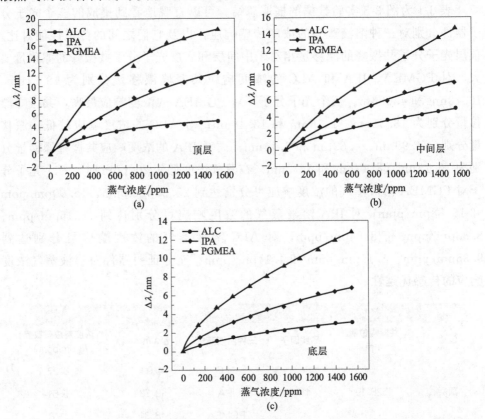

图 3-9　光纤端面上堆叠的三个光子分子结构光谱中共振峰漂移量与三种溶液
蒸气浓度的定量关系

（a）顶层光子分子结构光谱中共振峰漂移量随三种溶液蒸气浓度的变化；（b）中间层光子分子结构
光谱中共振峰漂移量随三种溶液蒸气浓度的变化；（c）底层光子分子结构光谱中共振峰漂移量
随三种溶液蒸气浓度的变化

200ppm 的 PGMEA 溶液蒸气响应的灵敏度分别为 25.95pm/ppm、15.9pm/ppm 和 16.88pm/ppm。

3.3.3.2 光子分子时间响应

为了对光子分子结构进行全面的传感性能测试，接下来是器件对蒸气的时间响应表征，即在器件接触和远离一定浓度的蒸气时共振峰随时间的变化特性。测试中，选择了浓度为 20% 的 PGMEA、IPA 和 ALC 溶液蒸气。首先光子分子置于溶液蒸气环境中，分别记录进入时间为 0s、1s、3s、6s、12s、25s 和 100s 的透射光谱；接着光子分子远离蒸气环境，分别记录远离时间为 1s、3s、6s、12s、25s 和 100s 的透射光谱。为了保证测试结果的可信度，光子分子接近和远离溶液蒸气的步骤重复测试 5 次，分别记录相应的透射光谱，便可以得到 5 个周期的波长漂移量随时间的变化，如图 3-10 所示。

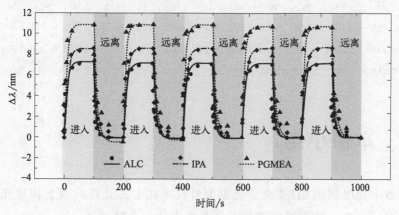

图 3-10　光子分子对溶液蒸气的时间响应

图 3-10 给出了其中一个光子分子传感单元对三种溶液蒸气的典型时间响应结果。数据图中实体球是实验透射光谱中提取的数据点，实线是对实验结果的拟合曲线，通过拟合曲线可以看出共振峰变化量随时间的变化趋势，以及时间响应灵敏度。光子分子共振峰变化量随着时间的变化在接触溶液蒸气时增大，在远离溶液蒸气时减小。

为了定量说明器件的时间响应特性，将详细数据归纳在表 3-2 中。定量对比光子分子器件的时间响应和恢复性能。前面部分是器件分别在三种溶液蒸气中的五个周期的每个周期的时间响应灵敏度，右侧两栏为器件在三种溶液蒸气中的五个周期时间响应灵敏度的平均值。从表格中可以看到：器件对三种溶液蒸气的时间响应灵敏度都较高，在器件接触溶液蒸气 1s 内，其对 PGMEA 蒸气的时间响应灵敏度可达到 3.64nm/s，ALC 和 IPA 分别为 1.876nm/s 和 1.129nm/s；在器件远离溶液蒸气 1s 内，其对 IPA 的恢复时间响应灵敏度达到 4.705nm/s，ALC 和 PGMEA 分别为 3.537nm/s 和 2.764nm/s。同时在图 3-10 中看到，器件在接触三种溶液蒸气时，基本达到响应最大的时间＜12s，能够对溶液蒸气进行快速响应；同样，在远离溶液蒸气时，器件恢复到原始状态的响应时间＜12s，最终在 100s 内能完全恢复到器件原始状态。三种溶液蒸气的五个测试周期中，后四个周期和第一个周期基本一样（时间响应快、时间响应灵敏度高、恢复响应快、恢复能力强），充分证明了器件的实用性（可用性、多用性和可重复率高）。

表3-2　光子分子对溶液蒸气时间响应总结

时间响应灵敏度		第一个周期		第二个周期		第三个周期		第四个周期		第五个周期		平均值	
		进入蒸气环境1s	远离蒸气环境1s	进入蒸气环境1s	远离蒸气环境1s	进入蒸气环境1s	远离蒸气环境1s	进入蒸气环境1s	远离蒸气环境1s	进入蒸气环境1s	远离蒸气环境1s	进入蒸气环境1s	远离蒸气环境1s
三种不同的蒸气	ALC	1.69	3.651	1.3	1.262	3.055	4.346	1.828	4.282	1.505	4.144	1.876	3.537
	IPA	0.656	5.01	0.804	4.189	0.984	4.473	1.42	4.9	1.779	4.955	1.129	4.705
	PGMEA	2.571	2.817	3.888	2.783	4.253	2.817	3.316	2.701	4.171	2.701	3.64	2.764

3.4　本章小结

本章中提出利用 3D 双光子光刻制备技术在七芯光纤端面上构建光子分子器件的设计方案，并对器件进行了制备和表征。总结如下：

① 将三个光子分子以三层堆叠在光纤端面上可以提高光子分子的集成度。

② 模拟了不同几何性质和光学性质的光子分子的共振特性，有助于分析光子分子的传感性能。特别是对光子分子的正态劈裂进行了模拟和实验观察。结果表明，吸收蒸气的同时引起环形微腔的半径和折射率变化，劈裂谐振模式的两个分支出现了不同方向的波长漂移。

③ 研究了三个光子分子对三种有机溶液蒸气的传感性能。结果表明，在低浓度范围内（＜150ppm），对 PGMEA、IPA 和 ALC 的响应灵敏度分别为 9.54pm/ppm、2.70pm/ppm 和 2.63pm/ppm。

④ 表征了光子分子对蒸气的时间响应特性，器件响应快，恢复灵敏度高，具有可重复性能。

第4章

七芯光纤端面模板辅助自组装回音壁模式微球腔传感特性

高品质因子和材料的多样性是回音壁模式微腔研究领域中的两个关键点。高品质因子意味着高的传感灵敏度,材料的多样性意味着传感对象的多样性。在上一章的工作中,虽然在光纤端面上实现了回音壁模式微腔的高集成度和高鲁棒性,但是依然存在品质因子不高、构成材料单一的不足。因此,迫切需要在满足高集成度和鲁棒性的前提下,还能同时满足高品质因子和材料多样化的光纤端面上回音壁模式微腔传感结构的实现方案,将光纤端面上的回音壁模式微腔传感研究进一步推进。

在本章中提出将微球腔通过自组装的方法引入七芯光纤端面上的策略,来解决上述问题。一方面微球已经商业化,其材料多样、来源丰富,满足了材料多样化的需求;另一方面球形微腔已经被证明可以支持高品质因子的回音壁模式,满足了高品质因子的需求。

由于微球腔结构和材料方面的特点,微球的引入还为我们的研究进一步增加了更为丰富的内容。

首先,球形结构的回音壁模式不但可以通过波导耦合方式来激发,而且还可以很方便地通过光栅耦合方式来激发。在本章中对这两种耦合方式都进行了研究。

其次,一般来说高分子材料在挥发性有机物蒸气的作用下会发生溶胀,是设计挥发性有机物蒸气传感器件的敏感材料。因此,选择聚苯乙烯高分子材料微球开展挥发性有机物蒸气传感研究,详细观测了不同种类的挥发性有机物渗透进入聚苯乙烯微球的过程。

最后,聚苯乙烯微球腔加热时的玻璃化过程导致其回音壁模式发生独特的波长漂移,通过详细观测不同模式的波长变化,可以揭示聚苯乙烯微球腔玻璃化过程中折射率的空间分布以及动态演化特性,为进一步阐明高分子材料的玻璃化机制提供有意义的数据支持。在详细观测聚苯乙烯微球玻璃化过程中回音壁模式的波长漂移的基础上,构建了聚苯乙烯微球腔玻璃化过程中折射率的空间分布以及动态演化物理模型,并通过数值模拟进一步验证了模型的正确性。这一工作对聚苯乙烯高分子材料玻璃化机制研究和基于高分子材料的光学微元器件的设计具有重要意义。

4.1 七芯光纤端面上波导耦合高品质因子微球腔传感特性

首先对七芯光纤端面上微纳波导耦合微球腔结构进行设计、制备和数据分析。微纳波导激发微球腔回音壁模式，在实验中得到了高品质因子的球形回音壁模式，用于蒸气传感和温度传感等性能表征。

4.1.1 七芯光纤端面波导耦合高品质因子微球腔设计

七芯光纤端面上微纳波导耦合微球腔的结构设计和相关参数如图 4-1 所示。整体结构可以分为三个部分：微球、用于支撑微球的底座和用于光场耦合的微纳拉锥波导及其支撑柱。微球以及底座的位置取决于微纳波导的中心位置，微纳波导的位置取决于七芯光纤中作为光输入和输出通道的两个相对的纤芯位置，如图 4-1(a) 所示。

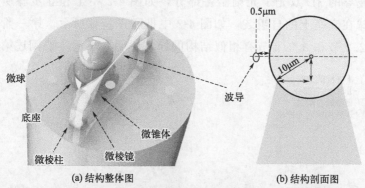

(a) 结构整体图　　　　　　　　(b) 结构剖面图

图 4-1　七芯光纤端面上基于微球烟囱型底座的微纳波导耦合高品质
因子球形腔结构示意图

结构中光路和上一章中的光子分子结构中的光路基本相似。光从一端的纤芯经过微棱柱、底角为 45° 的微型全反射棱镜、33.4° 的微锥体，进入到微纳波导内，微纳波导和微球之间保持一定的间距，利用动量匹配，波导的倏逝波耦合进入微球，激发微球内的 WGM，再经过波导的耦合，WGM 信号进入到波导内，再经过微锥体、微型全反射棱镜、微棱柱，最后进入到另一端的纤芯内，以进行后续信号收取和处理。其中光路中各个光学组件的具体参数和设计意义在 3.3.1 节中有详细介绍。图 4-1(b) 为微纳波导和聚苯乙烯微球耦合结构的剖面几何结构示意图。微球和烟囱型底座结构几何参数如图 4-1(b) 所示。在本章中用到的微球是直径为 $20\mu m$ 的聚苯乙烯微球。微球坐落在设计的烟囱型底座上，为了更好地激发球腔内的 WGM，微球赤道面和波导处于同一水平高度，其中微纳波导和微球之间的间隔为 $0.5\mu m$，保证耦合间隔，以及减小耦合偏差引起的光损耗。烟囱型底座是具有一定高度和一定厚度设计的底座，在厚度上既要保证底座稳健，在支撑球自组装过程中遇到水表面张力和球重力的影响时，不被损坏；又要确保 3D 光刻制备的时间合理性。在设计烟囱型底座和微纳波导结构时，要确保几何参数的准确性、设计的参数和激光直写特性的一致性，微小的参数偏差可能会导致微球 WGM 耦合激发的失败。

4.1.2 七芯光纤端面上微球腔的 3D 双光子光刻底座辅助自组装

七芯光纤端面上微球腔的 3D 双光子光刻底座辅助自组装的实现主要分为两个阶段，如图 4-2 所示。第一阶段是光纤端面上微球底座和微棱柱、微锥体、微纳波导的 3D 双光子光刻制备部分，如图 4-2 中Ⅰ和Ⅱ步骤所示；第二阶段是微球在底座上的自组装，如图 4-2 中Ⅲ和Ⅳ步骤所示。第一阶段的制备过程在 2.2.2 节和 3.3.2 节有相似结构的详细说明。下面主要阐述第二阶段。

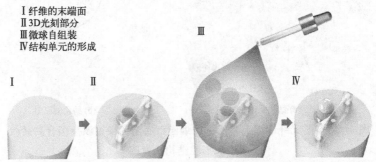

图 4-2　七芯光纤端面上微球腔的 3D 双光子光刻底座辅助自组装

对于第二阶段，将端面上有制备好的底座的七芯光纤用光纤架夹持放到光学显微镜下，人工操作将一定比例的聚苯乙烯微球水溶液吸入移液枪头内，在光学显微镜下，对准光纤端面，挤取少量的含有微球的水溶液到枪头外，给光纤端面蘸取，如图 4-2 中的Ⅲ步骤所示。实验表明，经过一次或者多次重复，便可以得到如图 4-2 中的Ⅳ步骤展示的结果：微球恰好落在烟囱型底座上。在滴球过程中需要注意：

① 用移液枪头人工手操作吸取含有微球的水溶液时，需要提前将沉底的微球和上面的水摇均匀，保证吸取的水溶液里含有一定比例的聚苯乙烯微球；

② 挤压到移液枪头尖端外面的液滴不需要太多，以免在滴球时液滴掉落，可能会破坏光纤端面上的结构；

③ 挤压含有微球的水溶液到移液枪头尖端后，需要静止几分钟，可以很好地将微球聚集到液滴的最底面，从而在光纤端面上蘸取滴球时增大微球自组装到光纤端面上的概率；

④ 在光纤端面蘸取滴球时，不需要光纤端面伸入太多到液滴内，尽量蘸取液滴最底层那一面即可，因为在重力的作用下微球都会聚集到这一面，提高滴球效率和成功率。

基于上述制备工艺，可以在光纤端面上制备出具有高品质因子的 WGM 微腔的结构样品。图 4-3 给出了实验中一系列样品的光学显微镜图和对应的透射光谱测试结果，透射光谱测试系统的介绍在 2.2.3 节中有详细说明。

图 4-3 为一系列样品结构五次滴球后光谱测试结果，其中上图为光学显微镜图，下图为对应的结构的透射光谱。首先作为参考，如图 4-3(a) 所示，上方给出了未蘸微球之前结构的显微镜图（其中，显微镜图中波导两侧有两个微球底座，这是因为在结构的实际制备中，为了增大微球进入底座的概率，在波导垂直方向的两侧对称制备两个底座）。从图 4-3(a) 透射光谱中可以看到，当结构中没有微球腔时，透射光谱中有十二个很清晰整齐的大振荡。我们认为这种振荡是测试系统中不同传播路径的光波相互干涉造成的。图 4-3(b) 为光纤蘸取微球后，在光纤端面上只有一颗微球，且沾到了棱柱和烟囱型底座之间的结果。图 4-3(b) 对应的结构的透射光谱依旧是十二个整齐的振荡，与没有球时 [图 4-3(a)] 情况的光谱基本相同。可以判断，没有激发 WGM，这证明了微球沾到微棱柱和烟囱型底座之间并不能激发它的 WGM。将图 4-3(b) 中的样品继续进行滴球，得到图 4-3(c) 所示的结果。光纤上的微球增加了四个，除了沾到烟囱型底座上的一个外，其他的四个微球在烟囱型底座周围以及微棱柱和底座之间。与其对应的透射光谱 [图 4-3(c)] 较图 4-3(a) 和 (b) 两种情况的光谱发生了显著的变化，在大的振荡上出现了很多细小的高 Q 共振峰。继续蘸取悬浊液后，如图 4-3(d) 所示，微球较图 4-3(c) 少了位于烟囱型底座上的那颗，其透射光谱瞬间恢复和图 4-3(a)、(b) 两种情况相同的十二个大的振荡。后续的第四、五次蘸取悬浊液后的结果如图 4-3 (e) 和 (f) 所示。可以看到，只要有微球位于烟囱型底座上，那么光谱就会发生很明显的变化，出现很多细小的共振峰，而当没有微球位于底座上时，光谱中就没有细小的共振峰，只有十二个大的振荡。这个实验充分证明微球只有在位于烟囱型底座上，并和波导之间保持正常的耦合的情况下，才能激发出微球腔内的 WGM，其他情况不能激发 WGM。这也充分证明我们设计的具有一定几何参数的烟囱型底座结构的必要性和准确性。

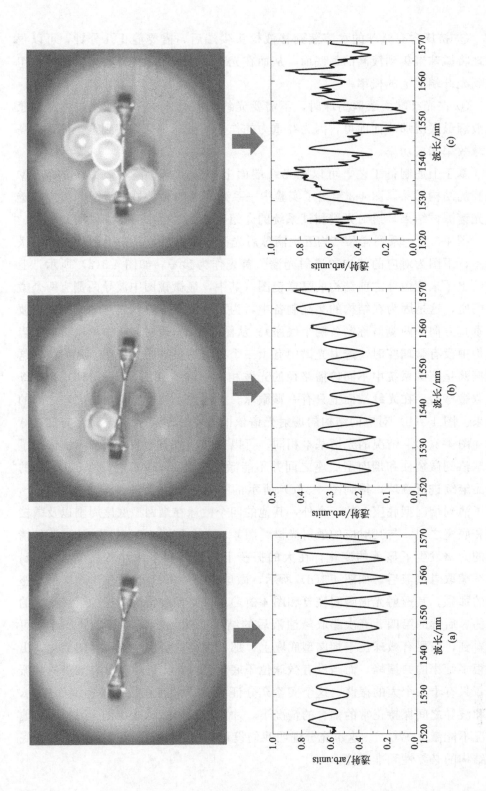

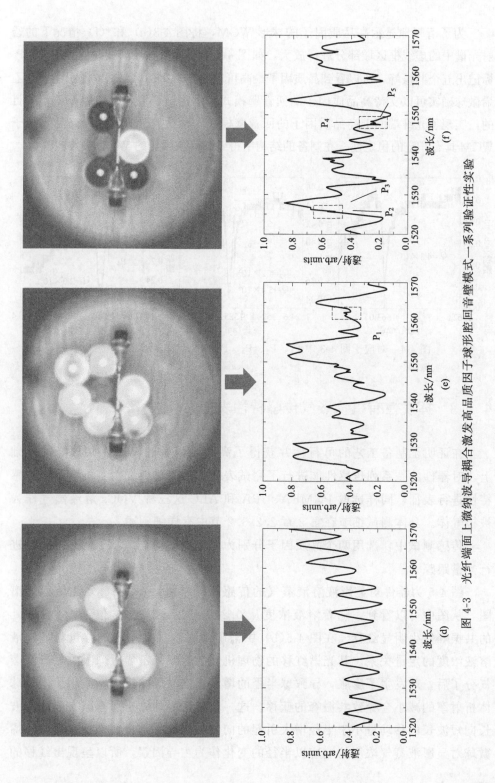

图 4-3　光纤端面上微纳波导耦合激发高品质因子球形腔回音壁模式一系列验证性实验

为了清晰地显示高品质因子的球形 WGM，将图 4-3(e) 和（f）情况下的透射光谱中的虚线框区域部分进行放大，如图 4-4 所示，并用 P_1、P_2、P_3、P_4 和 P_5 标记出五个共振峰，可以看到品质因子最高可以达到 4.2×10^5。这也证明了聚苯乙烯微球确实可以支持高品质因子的回音壁模式，也达到了引入微球腔 WGM 的目的，实现了光纤端面上高品质因子的回音壁模式光学微腔。微球腔的高品质因子 WGM 具有一定的稳定性，在制备的结构中得到高品质因子的 WGM 概率较高。

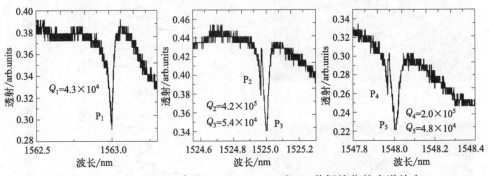

图 4-4　对应于图 4-3 中 P_1、P_2、P_3、P_4 和 P_5 共振峰位的光谱放大

4.1.3　挥发性有机物蒸气传感特性表征

在证明了制备工艺的可行性并获得了高品质因子的 WGM 共振峰的基础上，对器件的一系列传感性能进行了测试表征。首先对挥发性有机物蒸气传感特性进行表征，同样选取 PGMEA、IPA 和 ALC 这三种 VOCs 溶液蒸气作为被检气体。具体测试细节在第 2 章 2.2.3.2 节中有详细阐述。

传感测试中，选用两个品质因子分别为 4.6×10^5 和 4.3×10^5 的共振峰进行光谱跟踪。

图 4-5 为器件对显影液溶液蒸气的传感表征结果。图 4-5(a) 为透射光谱图，从图中可以看到，随着溶液浓度从 0.2% 变化到 2.0%，位于 1560nm 处的共振峰发生明显红移。在图 4-5(b) 中清晰地显示了共振峰红移量与显影液溶液浓度的定量关系。其光谱红移的物理机制为，聚苯乙烯微球吸收显影液蒸气分子后，球发生了膨胀，导致球半径的增大，同时球体折射率减小。但是球体折射率的减小会导致共振峰的蓝移。这一现象说明球体折射率减小引起的波长向短波长的移动量小于半径增大引起的向长波长的移动量，因此，聚苯乙烯微球对显影液蒸气浓度的响应以半径的变化作为主导因素，所以呈现出红移的

趋势。与第 3 章所述的光刻胶聚合物微环腔相比，聚苯乙烯微球腔的共振峰漂移了不到 0.5nm，表现出较低的显影液蒸气传感灵敏度。然而，从图 4-5(a)中可以看到随着蒸气浓度的增大，微球回音壁模式共振峰的品质因子整体基本保持稳定，整个测试过程保持较高的品质因子，这充分说明微球腔高品质因子回音壁模式的稳定性。

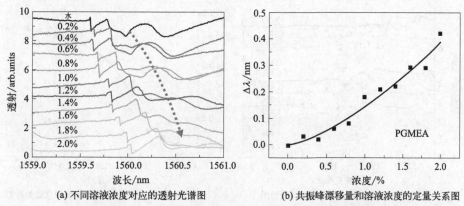

(a) 不同溶液浓度对应的透射光谱图   (b) 共振峰漂移量和溶液浓度的定量关系图

图 4-5　七芯光纤端面上波导耦合高品质因子微球腔器件对显影液溶液蒸气传感表征

　　图 4-6 为器件对异丙醇溶液蒸气的传感表征结果。图 4-6(a) 为随着溶液浓度增加，在不同浓度情况下的透射光谱图，共振峰同样也表现出红移的现象，和图 4-5 中的现象一致。图 4-6(b) 为器件共振峰红移量与异丙醇溶液浓度的定量关系图。各个光谱中的共振峰也保持较高的品质因子，整体漂移量不到 1nm，但是大于显影液的浓度响应，这是器件对不同的溶液蒸气做出不同响应的结果。

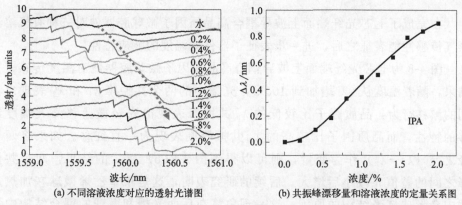

(a) 不同溶液浓度对应的透射光谱图   (b) 共振峰漂移量和溶液浓度的定量关系图

图 4-6　七芯光纤端面上波导耦合高品质因子微球腔器件对异丙醇溶液蒸气传感表征

图 4-7 为器件对乙醇溶液蒸气的传感表征结果。位于 1522nm 处的共振峰随着浓度增加向波长长的方向移动，从 1522nm 移动到 1523nm，如图 4-7(a)中透射光谱所示。图 4-7(b) 是取了图 4-7(a) 中的实验数据，得到了波长变化量和溶液浓度的定量关系图。整个器件对乙醇的响应中，共振峰漂移量为 0.85nm。

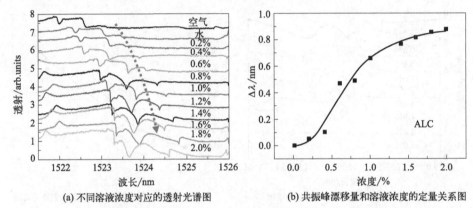

(a) 不同溶液浓度对应的透射光谱图 (b) 共振峰漂移量和溶液浓度的定量关系图

图 4-7　七芯光纤端面上波导耦合高品质因子微球腔器件对乙醇溶液蒸气传感表征

通过对器件传感性能的测试分析，可见器件对不同的有机溶液蒸气响应不同。通过对不同溶液蒸气的浓度响应检测分析可以区分出不同种类的溶液蒸气，因此七芯光纤端面上波导耦合高品质因子微球腔器件可以作为气体传感器。

4.1.4　温度传感特性表征

在完成了七芯光纤端面上波导耦合高品质因子微球腔器件对三种有机溶液蒸气传感性能表征之后，进一步表征了器件对温度的响应特性。

图 4-8 为七芯光纤端面上波导耦合高品质因子微球腔器件对温度传感表征结果，随着温度从 0℃增加到 100℃，光谱中的两个共振峰 λ_1 和 λ_2 表现出不同的漂移行为：品质因子比较低的 λ_1 共振峰表现出先轻微蓝移又大幅度红移的特性，而品质因子比较高的 λ_2 共振峰则表现为一直红移。如果将两个峰之差 （$\lambda_1-\lambda_2$） 作为变量，则可以得到图 4-8(b) 所示的结果：两个共振峰之间的差值先减小后增大。后续的研究表明，这是聚苯乙烯微球在加热过程中会形成核壳结构的原因，这一现象将在后面光栅和微球的耦合结构中详细阐述。

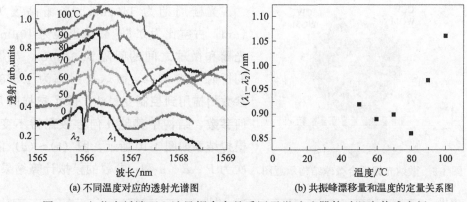

(a) 不同温度对应的透射光谱图　　　　(b) 共振峰漂移量和温度的定量关系图

图 4-8　七芯光纤端面上波导耦合高品质因子微球腔器件对温度传感表征

4.2　七芯光纤端面上光栅耦合高品质因子微球腔传感特性

在上一节微纳波导与微球腔的耦合结构研究中，我们发现微纳波导特别容易被损坏，尤其是在微球自组装过程中，液体的表面张力经常会把纤细的微纳波导拉歪，甚至拉倒，这大大降低了样品制备的成功率，增加了实验成本。为了克服这一问题，在这一节中采用微纳光栅耦合器取代微纳波导耦合器，来激发微球腔的高品质因子回音壁模式。光栅耦合方式的引入，大大提高了样品的制备成功率，同时微球腔仍然保持了较高的品质因子，甚至超过了在波导耦合情况下的数值。

在此基础上，利用得到的高品质因子的微纳光栅耦合微球腔结构，对挥发性有机物分子渗入聚苯乙烯微球内部的动态过程，以及聚苯乙烯微球玻璃化过程中近表面折射率的信息进行了研究，获得了有意义的研究结果。

4.2.1　七芯光纤端面光栅耦合高品质因子微球腔光学特性

首先，对七芯光纤端面上光栅耦合高品质因子微球腔结构的光学特性进行全面分析。如图 4-9 所示，整个结构的几何结构参数主要包括光栅周期 P、光栅和微球腔之间的间隔 d、微球腔的折射率 n 和微球腔的半径 r 这四个变量。运用数值模拟方法，对这四个变量依次进行数值模拟分析，对微纳光栅和微球耦合结构的几何参数进行全面分析，目的是获得最佳的结构参数值，为后续实验做指导。

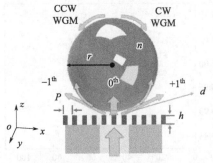

图 4-9 微纳光栅耦合微球结构示意图

光栅周期为 1400nm，光栅高度为 1μm，占空比为 0.5，微球半径为 10μm，光栅和微球之间的间隔为 0.5μm，光栅的折射率为 1.52，微球折射率为 1.568。参数扫描用到控制变量法，除了扫描的几何参数，结构中其他几何参数保持不变。模拟结果如图 4-10 所示，图（a）～（d）依次为 P、d、n 和 r 参数的模拟计算结果。

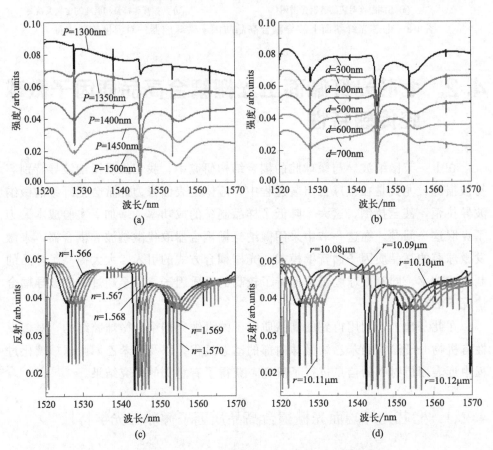

图 4-10 微纳光栅耦合微球结构几何参数数值模拟结果

（a）$d=500$nm，$n=1.568$，$r=10.0$μm，$P=1300$nm、1350nm、1400nm、1450nm 和 1500nm 的结构反射光谱；（b）$P=1400$nm，$n=1.568$，$r=10.0$μm，$d=300$nm、400nm、500nm、600nm 和 700nm 的结构反射光谱；（c）$P=1400$nm，$d=500$nm，$r=10.0$μm，$n=1.566$、1.567、1.568、1.569 和 1.570 的结构反射光谱；（d）$P=1400$nm，$d=500$nm，$n=1.568$，$r=10.08$μm、10.09μm、10.10μm、10.11μm 和 10.12μm 的结构反射光谱

图 4-10(a)、(b) 为光栅耦合微球结构在不同 P 和 d 时的模拟反射光谱。可以看出，在 1520～1570nm 的波长范围内激发了 7 个微球回音壁模式。周期从 1300nm 到 1500nm，每次增加 50nm，随着周期的增加，较窄波长处的共振峰的共振强度先增强后减弱，而宽波长处的共振峰的共振强度逐渐明显。产生这种现象的原因是只有与光栅周期参数相匹配的回音壁模式才能被有效地激发，且微球与光栅之间的距离也会影响模式耦合效率。光栅和微球之间的距离变化范围为 300～700nm，变化间隔为 100nm，同样，随着距离的增加，共振峰共振强度先增强后减弱，有一个最佳的耦合距离。图 4-10(c)、(d) 为微球折射率和半径的变化，折射率从 1.566 到 1.570，变化间隔为 0.001，随着折射率增加共振峰都呈现红移的趋势，各个峰值共振强度没有大的变化。对于半径变化情况，半径从 10.08μm 增加到 10.12μm，增加间隔为 0.01μm，可以看到反射光谱中共振峰随着半径的增大发生红移。对于半径变化量 0.04μm，共振峰红移量可达到 6nm。同样，在这一半径变化范围内共振强度基本没有大的变化。该现象充分证明结构的光学性能对光栅周期、光栅和微球之间的间隔有很大的依赖性，根据模拟结果，可以得到我们设计的光栅和微球耦合结构的最佳几何参数，即当光栅周期 P = 1400nm、间隔 d = 500nm 时，可以激发出最高品质因子的回音壁模式共振。整个结构的光学特性对微球折射率和半径的变化依赖性不大，我们选取的是折射率为 1.568、半径为 10μm 的聚苯乙烯微球。

图 4-11 为图 4-10 中结构参数 P = 1400nm、d = 500nm、n = 1.568 和 r = 10μm 时的结构的反射光谱中的七个回音壁模式相应模态的电磁场强度分布图。可以清楚地看到，对于径向一阶模式，场分布在径向方向上表现为一个极大值，且靠近微球腔的边界，有部分光场分布在球外，即倏逝场；对于径向二阶模式，场分布在径向方向上表现为两个极大值，相对于一阶模式，二阶模式场分布在球内径向方向上多了一圈场分布；对于径向三阶模式，在径向方向上表现为明显的三个极大值；对于径向四阶模式，在反射光谱中看到两个径向二阶模式共振峰都在两个径向四阶模式共振峰内，这在四阶模式的场分布图中表现为受到二阶场分布的影响，并不是完整的四个圈的场分布，但是，虽然有二阶模式的干扰，也可以看到四圈场分布的存在。共振峰光学模式品质因子越高，对应的电磁场强度分布越强，共振峰光学模式的品质因子越小，对应越弱的电磁场强度分布。如果两个模式对应的共振峰有嵌套（也就是较窄的共振峰在较宽的共振峰内）关系，就会在电磁场强度分布中看到它们之间的干扰。

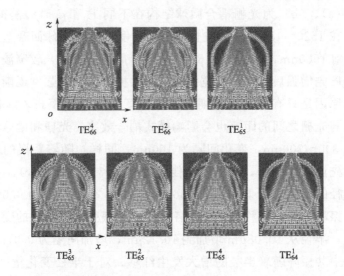

图 4-11　光栅耦合微球结构在结构参数 $P=1400\mathrm{nm}$、$d=500\mathrm{nm}$、$n=1.568$ 和
$r=10\mu\mathrm{m}$ 时反射光谱中的七个回音壁模式共振峰的电磁场强度分布图

　　整个数值模拟对微纳光栅和微球耦合结构的分析，包括几何参数和模式场分布的详细分析，为后续七芯光纤端面上光栅耦合高品质因子微球腔的结构设计做了重要的铺垫。

4.2.2　七芯光纤端面光栅耦合高品质因子微球腔结构设计

　　我们设计并制作了一种基于光纤端面的光栅耦合微球结构器件，实现了高阶径向回音壁模式的激发和检测，方便了温度测量。衍射光栅被证明是激发微球中回音壁模式的有效耦合器[166,167,248,301~304]。与微棱镜、微锥体和波导的耦合装置[171,172,254,303] 相比，衍射光栅是一个平面的薄膜状物体，其厚度可达数百纳米，面积可小至 $10\times10\mu\mathrm{m}^2$，非常适合集成。此外，通过调整衍射光栅的周期，可以很容易地激发微球的基次和高阶径向回音壁模式。在偏振选择方面，光栅具有 TE 偏振入射比 TM 偏振入射更高的衍射效率。

　　图 4-12 的左侧插图为光栅耦合微球的光路图。光通过底部光芯入射到光栅上，经过光栅衍射进入微球激发球形腔回音壁模式。采用七芯光纤作为搭建光栅耦合微球结构的集成平台，因此，可以在其端面上布置 7 个这样的单元，每个单元精确地位于对应纤芯的位置上（如图 4-12 所示）。在制备过程中，更多的单元增加了器件成功的概率。图 4-12 的右侧显示了七个单元的其中一个

单元的特写放大视图。可以看到，整个结构单元，除了光栅和微球外，每个单元还包括一个底座，用于支撑微球，以避免微球与光栅的直接接触；还有一个漏斗结构，用于在自组装制造过程中引导微球移动到底座上，这将在下面章节中进一步详细说明。每个衍射光栅位于各自对应的纤芯上，将光耦合到微球中以激发球形回音壁模式。因此，可以在反射光谱中观察到回音壁模式的共振倾角。

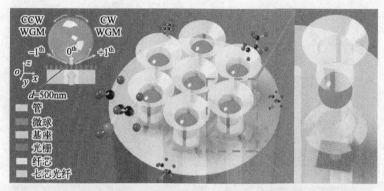

图 4-12　七芯光纤端面集成七个光栅耦合微球单元结构示意图
（插图为光栅耦合微球光路图）

将光栅耦合聚苯乙烯微球装置集成在光纤端面，可使实验更加方便。光纤端面可灵活方便地放入蒸气和加热容器中，获取光栅耦合聚苯乙烯微球在不同蒸气浓度下的反射光谱，观察挥发性有机蒸气渗透进入聚苯乙烯微球的过程；获取光栅耦合聚苯乙烯微球在不同温度下的反射光谱，观察玻璃化转变过程中的物理化学信息。

4.2.3　七芯光纤端面上微球腔的 3D 双光子光刻模板辅助自组装

为了在实验上实现前面所述的七芯光纤上的光栅耦合微球腔结构的设计理念，提出了利用 3D 双光子光刻模板辅助自组装的制备方法，如图 4-13 所示。

制备过程包括五个步骤，如图 4-13(a) 所示：Ⅰ利用双光子光刻技术在七芯光纤端面直接激光直写七个底座单元，作为后期自组装的辅助模板；Ⅱ用显影液对已光刻的结构进行显影，得到光栅、微球底座和漏斗结构部分；Ⅲ将浓度为 4% 的聚苯乙烯微球胶体（Thermo Fisher Ltd，美国）滴至光纤端面；Ⅳ微球在水的表面张力作用下自组装到底座上；Ⅴ干燥后在七芯光纤端面上获得七个独立的结构单元。

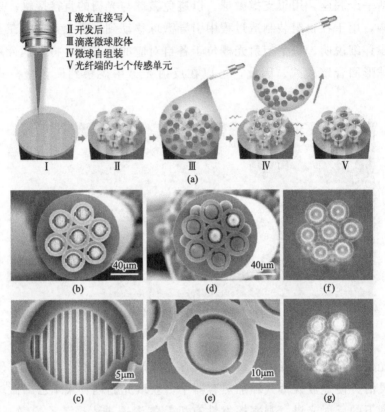

图 4-13　多芯光纤端面光栅耦合微球结构的制备过程和观测

(a) 五个制备步骤；(b)，(c) 自组装前的扫描电子显微镜整体图和一个结构放大图；
(d)，(e) 自组装后的扫描电子显微镜整体图和一个结构放大图；(f)，(g) 整个结构
从顶部打光和从底部打光的光学显微镜俯视图

每个光纤的纤芯上有一个单元，由光栅、底座和漏斗组成。底座的几何参数设计保证了 $10\mu m$ 半径的微球与光栅之间有 $500nm$ 的间隔。漏斗的设计是为了精确地抓住微球。此外，在漏斗壁上有两个狭缝，在底座边缘上有两个开口，它们与光栅的衍射方向平行，与衍射光设置在同一面内。这些狭缝和开口形成光通道，避免漏斗壁、底座边缘和微球之间的耦合，保证微球中的回音壁模式不被干扰。

模板辅助自组装方法具有较高的成功率。对于每一滴微球胶体，总有几个微球被组装到结构单元漏斗里。因此，只需三或四滴就可以在每个底座上获得微球样品。这得益于光栅耦合方法和模板辅助自组装微球之间的兼

容性。

图 4-13(b) 和 (c) 分别是微球组装到底座之前，整个光刻胶结构的扫描电子显微镜图像俯视图和单个单元细节俯视图，可以看到光栅、底座边缘的开口和漏斗壁上的狭缝。图 4-13(d) 和 (e) 分别为每个底座上装有微球结构的整体和细节扫描电子显微镜图像俯视图，可以观察到微球正好位于各自的漏斗结构中。图 4-13(f) 和 (g) 分别为白光从微球顶部和底部照射下的器件光学显微镜图像俯视图。

由上述步骤所制备的七芯光纤端面上的光栅耦合微球腔结构的典型实验光谱如图 4-14 中灰色线所示，黑色线为数值模拟的结果，可以看到两者保持了很好的一致性。模拟光谱中有很清晰干净的七个谐振峰，为光栅耦合激发的高品质回音壁模式，品质因子最高可以达到 10^5。模拟中所采用的参数：光栅周期为 1400nm，光栅高度为 $1\mu m$，占空比为 0.5，微球半径为 $10\mu m$，光栅和微球之间的间隔为 $0.5\mu m$，光栅的折射率设置为 1.52，微球为聚苯乙烯材料，折射率设置为 1.568。这一模型选取的几何参数是经过前面几何参数扫描确定的最优参数值。光谱中包括两个一阶径向模式、两个二阶径向模式、一个三阶径向模式和两个四阶径向模式，对应的共振峰的光学模式从左到右依次为 TE_{66}^4、TE_{66}^2、TE_{65}^1、TE_{65}^3、TE_{65}^2、TE_{65}^4 和 TE_{64}^1，但在实验结果中，只清楚地观察到了 TE_{66}^2、TE_{65}^3 和 TE_{65}^2 共振峰模式。一阶径向模式和四阶径向模式的共振强度较弱，实验测试中由于系统背景的干扰等原因没有观察到。对于半径为 $10\mu m$ 的微球，可得到它的自由光谱范围为 25nm，在 1520～1570nm 内会有两个自由光谱范围，恰好对应于反射光谱中的两个一阶模式、两个二阶模式、两个四阶模式，每对同一径向模式共振峰波长之间的间隔为一个自由光谱范围。

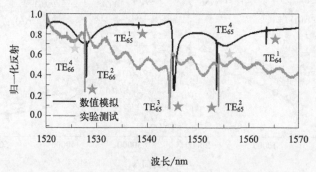

图 4-14　七芯光纤端面光栅耦合微球典型反射光谱的实验结果和模拟结果（光波段 1520～1570nm 之间被激发的每个微球回音壁模式都被标记）

4.2.4　分子浸入聚苯乙烯微球腔前沿界面及核壳结构观测

我们所获得的七芯光纤端面上的高品质因子的光栅耦合微球腔结构，为研究挥发性有机物分子浸入聚苯乙烯高分子材料的动态过程奠定了良好的基础。

下面利用第 2 章介绍的光栅耦合方式的反射光谱测试系统对这一个过程进行详细的表征。

图 4-15 显示了部分挥发性有机化合物分子（丙酮、PGMEA 和 IPA）吸附在聚苯乙烯微球表面，进而渗透扩散到聚苯乙烯微球内部时，共振波长的变化情况。图 4-15（a）显示了 TE_{66}^2 回音壁模式在不同 PGMEA 蒸气浓度环境下的反射光谱数据，随着 PGMEA 蒸汽浓度从 0 增加到 2480ppm（步长为

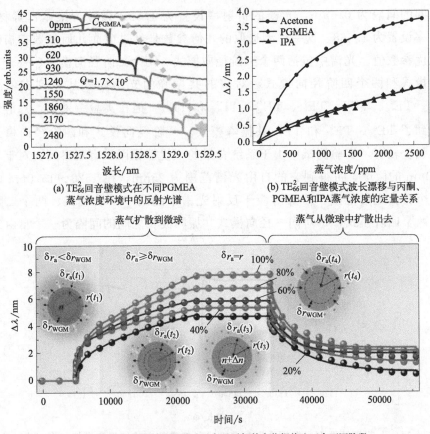

(a) TE_{66}^2回音壁模式在不同PGMEA
蒸气浓度环境中的反射光谱

(b) TE_{66}^2回音壁模式波长漂移与丙酮、
PGMEA和IPA蒸气浓度的定量关系

(c) 器件在IPA蒸气环境中波长随时间的变化规律分三个不同阶段

图 4-15　器件蒸气响应测试结果

310ppm），可以看到 TE_{66}^{2} 回音壁模式的品质因子高达 1.7×10^{5}，共振波长从 1527.41nm 红移到 1529.25nm，波长漂移量（$\Delta\lambda$）为 1.84nm。图 4-15（b）总结了 TE_{66}^{2} 回音壁模式波长漂移与丙酮、PGMEA 和 IPA 蒸气浓度的关系。可以看出，当蒸气浓度为 2620ppm 时，丙酮引起的波长漂移较大，为 4.22nm，而 IPA 引起的波长漂移几乎与 PGMEA 相同。这是因为聚苯乙烯可以被丙酮溶解，而不能被 PGMEA 和 IPA 溶解。这意味着当丙酮分子吸附在聚苯乙烯微球表面时，它们会迅速扩散到聚苯乙烯微球内部，造成微球更加膨胀，而 PGMEA 和 IPA 分子则是缓慢地扩散到聚苯乙烯微球内。为了了解分子如何扩散到聚苯乙烯微球内这一过程，将有器件结构的光纤端置于 IPA 蒸气环境中 9.4h，其波长随时间的变化规律如图 4-15（c）所示。观察到明显的三个阶段：第一阶段（5000~7300s）波长漂移随时间呈指数形式增加；第二阶段（7300~23000s）波长漂移随时间呈线性形式增加；第三阶段（23000~34000s）波长不再漂移。图 4-15（c）中 5 条曲线分别对应于浓度为 20%、40%、60%、80% 和 100% 的 IPA 水溶液产生的不同浓度的饱和 IPA 蒸气。

不同的阶段意味着在 IPA 分子扩散到聚苯乙烯微球的过程中存在一个陡峭的扩散前沿[166,248]。如果我们定义扩散深度为 $\delta r_{a}(t)$，即微球表面到扩散前沿的距离，微球中回音壁模式的场分布范围可以定义为 δr_{WGM}。考虑到当 IPA 分子扩散到微球内部时，微球的尺寸会增大，半径不再是一个常数，可以定义为 $r(t)$。在第一阶段，$0 \leqslant \delta r_{a}(t) \leqslant \delta r_{WGM}$，扩散前沿正经过回音壁模式场的分布范围，因此，折射率的增加和微球半径的增大都导致了回音壁模式共振波长的红移，波长的变化表现为指数变化；在第二阶段，$\delta r_{a}(t) \geqslant \delta r_{WGM}$，扩散前沿已经穿过了回音壁模式的场分布范围，因此，微球内部折射率的增加不再影响回音壁模式的共振波长，只有微球半径的增加才会引起共振波长的红移，波长的变化表现为线性变化；第三阶段，$\delta r_{a}(t) = r(t)$，IPA 分子扩散充满整个微球，微球的折射率和半径不再发生变化，因此，回音壁模式的共振波长不再发生漂移。虽然最大波长漂移量（$\Delta\lambda_{max}$）随着蒸气浓度的增加而增加，但不同浓度的蒸气在整个微球中扩散所需的时间是相同的，这与文献报道的结果一致。

然而，当微球从饱和 IPA 蒸气中取出并放入空气中时，回音壁模式的共振波长的蓝移表现出完全不同的行为（没有明显的阶段，只有一个单一的指数衰减行为）。这是因为当 IPA 分子从微球中扩散出去时，没有明显的扩散前沿。蒸气从微球完全扩散出去所需的时间几乎是无限的。波长从 $\Delta\lambda_{max}$ 减小到

$(e^{-1})\Delta\lambda_{max}$ 所需的时间可以定义为半衰期。可以看出，随着蒸气浓度的增加，半衰期变长。图 4-15(c) 是 IPA 分子扩散进入和扩散出微球的四种典型状态，其中 $\delta r_a(t_1)$、$r(t_1)$，$\delta r_a(t_2)$、$r(t_2)$，$\delta r_a(t_3)$、$r(t_3)$ 和 $\delta r_a(t_4)$、$r(t_4)$ 分别为 4 个典型时刻微球的扩散深度和半径。

4.2.5 聚苯乙烯微球腔玻璃化转变过程中折射率的分布和演化

高分子材料玻璃化转变的机制至今还没有一个公认的明晰的解释，其主要原因在于观测数据不足。因此，需要在微观尺度上从高分子材料近表面获得更多的更准确的物理化学信息，以了解这一过程的机制。这些信息包括玻璃化转变温度[305,306]、质量密度[307~309]、折射率[310,311]、膨胀系数[312]、表面迁移率[313~315] 和聚合物材料的表面深度从几个纳米到几百纳米的动态变化[316]。然而，获得这些信息具有挑战性，主要有两个原因：一是，目前常用的将超薄膜嵌入厚聚合物薄膜作为指示剂的方法在实验中难以实现[305,306]；二是，上述参数往往相互纠缠，难以分离测试结果。例如：质量、密度总是与薄膜的厚度和膨胀系数纠缠在一起。尽管存在这些困难，但经过近几十年的努力，人们对聚合物材料表面不同深度下的玻璃化转变温度分布已经有了一致的理解。接下来，在玻璃化转变过程中，探索聚合物材料表面附近的其他物理或化学参数已变得更加迫切。

此外，在微观尺度上获取折射率分布和演化的信息的技术手段，有望用于细胞成像、利用光对微观物体进行操控和气象学等各个领域[317~320]。因此，人们已经开发了多种技术来观察不同几何形状的物体，如平面薄膜[321]、微球[322~324] 或纳米球[325] 和其他任意形状的物体[318~320]。这些技术包括全内反射显微镜[321]、Mie 散射[323,324]、纳米颗粒跟踪分析[325] 和干涉层析成像[318~320]。然而，以往研究中获得的折射率信息是波长[321]、空间位置[318~320,326,327] 或波长和温度的函数，迄今还没有折射率同时作为空间位置和温度的函数的研究。这是因为光程总是折射率和光所经过的距离的乘积，在空间尺度信息未知的情况下，大多数测量中很难区分它们。此外，对于聚合物薄膜，衬底也会影响薄膜的性能，因此，必须将纳米厚度的薄膜悬浮起来，以减少衬底的影响。综上所述，需要一种非侵入性的方法和相关设备，能够在不受衬底影响的情况下，高精度地测量聚合物材料内部折射率随空间位置和温度变化的分布和演化。而我们所提出和制备的光栅耦合聚苯乙烯微球腔系统正好可以用于近表面折射率信息的探测分析。

4.2.5.1 利用不同阶径向回音壁模式检测聚苯乙烯微球玻璃化过程中折射率的分布和动态变化

我们采用两种具有不同阶径向的回音壁模式来检测玻璃化转变过程中折射率的变化。由于两种模式在微腔内的场分布区域不同，所以它们对球内折射率变化的响应也不同。通过分析两种模式的波长偏移，得到聚苯乙烯微腔表面附近折射率的分布和变化情况。

测量玻璃化转变过程中聚合物微球表面附近折射率分布和变化的工作原理图，如图 4-16 所示。微球是一种回音壁模式谐振腔，可以支持两种不同阶径向模式（例如 TE_{65}^3 和 TE_{65}^2）。折射率的变化，如图 4-16 虚线所示，引起两种模式的共振波长不同的漂移行为。通过观察两种模式的共振波长的漂移行为，可以获得近表面的折射率演变和分布信息。

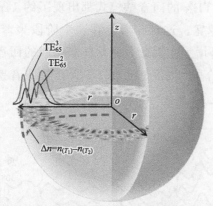

图 4-16　玻璃化转变过程中聚合物微球表面附近折射率分布和变化的工作原理图

当聚合物微腔温度升高时，玻璃化转变开始于表面，并逐渐向微球中心移动，这是因为玻璃化转变所需的温度随表面深度的增加而增加。当温度从 T_1 升高到 T_2（T_1，$T_2 < T_{bulk}$，T_{bulk} 为聚合物材料的体玻璃化转变温度）时，折射率沿径向的变化 $[n(T_1) - n(T_2)]$ 用图 4-16 虚线表示。这种类似于"对勾"的曲线是基于以下考虑：当温度在相当低或高于玻璃化转变温度的范围内变化时，聚合物的折射率通常表现为几乎无变化；但温度在玻璃化转变温度附近时，折射率发生明显的变化。"对勾"曲线的最低点随着玻璃化过渡区逐渐向微球中心移动，并通过 TE_{65}^3 和 TE_{65}^2 模式的电场的峰和谷。因此，由折射率变化引起的共振波长的变化表现出不同的行为，这为探索玻璃化转变过程中聚合物折射率的变化提供了一种方法。

这种方法还具有将聚苯乙烯微球的膨胀与折射率的局域变化分离的优势，一般来说这两个物理量在光学中通常是纠缠在一起的，之所以在我们的模型中这两个量可以分离，关键的原因在于微球膨胀总是全局的而不是局部的，而折射率是局部变化的。如果微球表面下存在局部膨胀，则微球的整体半径将以相同的值增大。在这种情况下，TE_{65}^3 和 TE_{65}^2 模式仅能感知半径的变化，其共振波长的相应漂移显示出可以忽略不计的差异。

4.2.5.2 聚苯乙烯微球中玻璃化转变过程中回音壁模式波长漂移的实验观察

图 4-17 为不同温度下记录的观测到的光谱，其中也包括室温（295K）下的光谱。共观察到 5 个回音壁模式：TE_{67}^2、TE_{66}^3、TE_{66}^2、TE_{65}^3 和 TE_{65}^2。可以清晰地看到，所有共振波长的红移可以分为三个阶段。第一阶段（295～328K），所有回音壁模式几乎没有波长漂移。第二阶段（328～388K），所有 TE_{66}^3、TE_{66}^2、TE_{65}^3 和 TE_{65}^2 的回音壁模式都出现了约 14nm 的波长漂移，并且共振峰的谷变得越来越宽。这意味着，在这个阶段聚苯乙烯的折射率显著降低，而微球的尺寸显著增大。因此，微球膨胀引起的回音壁模式红移主导了光谱的最终特征。第三阶段（388～393K），所有的回音壁模式不再出现红移，但共振峰的谷进一步变宽。

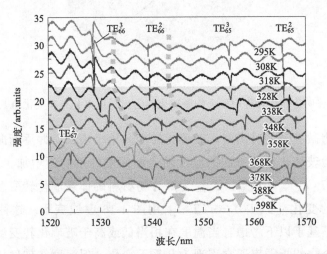

图 4-17　聚苯乙烯微球在玻璃化转变过程中不同温度下的回音壁模式反射光谱

应该注意到，图 4-18 中 TE_{66}^2、TE_{65}^3 和 TE_{66}^3 的实线均有两个转折点，对应于两种玻璃化转变温度：微球表面玻璃化转变温度（$T_{g\text{-surface}}$）和微球体玻璃化转变温度（$T_{g\text{-bulk}}$）[328,329]。这说明聚苯乙烯微球状态由玻璃向橡胶的转变过程是由表面向内部逐渐发生的，并不是整个球的整体变化。这种不均匀性可以引起微球内的核壳结构，从不同阶径向回音壁模式波长漂移量差的增大和减小可以验证这一点。图 4-19 显示了 TE_{65}^3-TE_{66}^3、TE_{65}^3-TE_{66}^2 和 TE_{66}^2-TE_{66}^3 的波长漂移差。可以看出，与 TE_{66}^2 模式相比，TE_{65}^3 和 TE_{66}^3 模式在 338～388K 温度范围内的波长漂移较大，而在 388～393K 温度范围内的波长漂移较小。而 TE_{65}^3 和 TE_{66}^3 模式在 295～393K 温度范围内具有相同的波长漂移。

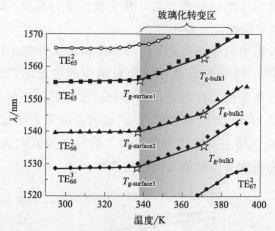

图 4-18　聚苯乙烯微球在玻璃化转变过程中回音壁模式的波长漂移量和温度关系图
（两个转折点表示微球的两个玻璃化转变温度：一种发生在微球表面，温度较低；
另一种发生在微球内部，温度较高）

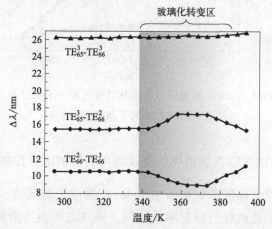

图 4-19　聚苯乙烯微球在玻璃化转变过程中不同阶回音壁
模式波长漂移量差和温度的关系图

不同阶径向回音壁模式波长漂移量不同，这一现象是核壳型微球的典型特征[330,331]。在本课题研究中，微球内部的核壳结构来源于折射率从表面向球心逐渐变化的过程。这是因为聚苯乙烯的体玻璃化转变温度约为 353～387K，然而，对于亚微米层，它可以减少 20K 或更多[314]。在温度为 338K 时，TE_{65}^3、TE_{66}^3 模式与 TE_{66}^2 模式的波长漂移开始出现不同。这说明亚微米层的 $T_{\text{g-surface}}$ 约为 338K，位于 $T_{\text{g-surface}}$ 拐点处，如图 4-18 所示。过渡层厚度随温度的升高而增大。在温度为 373K 时，也就是 $T_{\text{g-bulk}}$，TE_{65}^3 和 TE_{66}^2 模式的波长差最大可达 1.7nm。随着温度的进一步升高，整个微球变为橡胶态，核壳结构消失，TE_{65}^3 和 TE_{66}^2 模式之间的波长差不存在。

在分析实验数据中回音壁模式共振峰漂移和展宽的基础上，对共振峰的品质因子也做了分析，如图 4-20 所示。随着温度的增加，TE_{66}^2、TE_{65}^2 和 TE_{67}^2 模式的品质因子逐渐降低，特别是在玻璃化转变区域迅速降低，从 6×10^4 直接降低到 1×10^4。对于 TE_{66}^3 和 TE_{65}^3 模式而言，品质因子也在减小，但几乎保持在 1×10^4，变化很小。这说明温度对二阶径向模式共振峰展宽影响比较大，而对三阶径向模式共振峰的展宽影响较小。

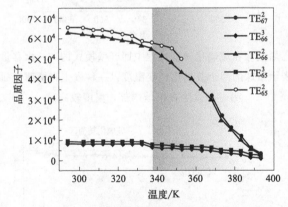

图 4-20　聚苯乙烯微球在玻璃化转变过程中不同阶回音壁
模式共振峰品质因子和温度的关系

4.2.5.3　聚苯乙烯微球在玻璃化转变过程中的折射率分布和演化模型

聚苯乙烯微球内部的折射率 n 是温度 T 和位置的函数。考虑到微球的球面对称性，相同半径位置的折射率值相同。聚苯乙烯表面附近的玻璃化转变温度低于体内。因此，聚苯乙烯微球内部的折射率分布必须遵循一个类似于反正切函数的阶跃函数。这一阶跃是由玻璃化转变过程引起的。随着温度的升高，台阶的前沿向微球的中心移动。一个合理的假设是，当温度低于或高于玻璃化转变温度时，折射率有上下限。另一方面，在一定的微球深度范围内，无论是低于玻璃化转变温度范围还是高于玻璃化转变温度范围，折射率的变化都近似为线性，但在玻璃化转变温度范围内，折射率的斜率发生了突然变化。根据上述分析，可以构造以下函数，其中包括线性部分和阶梯部分：

$$n(x,T)=n_{\min}+(n_{\max}-n_{\min})\frac{1-\dfrac{kT}{T_{\mathrm{g}}(\infty)}}{1-\dfrac{kT_0}{T_{\mathrm{g}}(\infty)}}\left[\frac{2}{\pi}\arctan\left(\alpha\frac{\beta x-z}{z^2}\right)\right] \quad (4\text{-}1)$$

式中，x 是微球外表面到所需折射率位置的深度（$x\geqslant 0$）。这种坐标的定义选择微球表面作为原点，而不是微球的中心。这种选择的优点是可以消除由于微球膨胀而引起的位置变化。$n_{\min}$ 为较高温度时折射率的下限，$n_{\max}$ 为较低温度时折射率的上限。$[1-kT/T_{\mathrm{g}}(\infty)]/[1-kT_0/T_{\mathrm{g}}(\infty)]$ 为函数的线性部分，其中 $k=0.667$ 为斜率系数，$T_0=295\mathrm{K}$ 为室温，$T_{\mathrm{g}}(\infty)=373.8\mathrm{K}$ 为聚苯乙烯的体玻璃化转变温度。α 和 β 是用来调整台阶陡度的因子，α 有长度的量纲，β 无量纲。z 为玻璃化转变温度为给定 T 时的深度，可计算为[329]：

$$z(T)=\xi\left[1-\frac{T}{T_{\mathrm{g}}(\infty)}\right]^{-\frac{1}{\delta}}-\xi \quad (4\text{-}2)$$

式中，$T_{\mathrm{g}}(\infty)$ 为聚苯乙烯的体玻璃化转变温度；$\xi=3.2\mathrm{nm}$ 为特征长度；$\delta=2$。我们进行了大量的数值模拟来确定参数 α 和 β 的最佳值，测定值为 $1\mathrm{nm}$ 和 9.8，$n_{\max}$ 和 $n_{\min}$ 值分别为 1.568 和 1.518。根据该模型可以得到聚苯乙烯微球内部折射率的分布和演化，如图 4-21(a) 所示。图 4-21(a) 中的实线曲线对应温度在 $313\sim 353\mathrm{K}$ 内以 $10\mathrm{K}$ 为增量的情况，虚线曲线对应温度在 $363\sim 371\mathrm{K}$ 内以 $2\mathrm{K}$ 为增量的情况。图 4-21(b) 为 $\Delta n(x,\Delta T)=n(x,T_1)-n(x,T_2)$ 的曲线，可以更清楚地显示折射率的变化。在 $313\sim 353\mathrm{K}$ 温度范围内，折射率的变化主要发生在 $100\mathrm{nm}$ 以下；而在 $363\sim 371\mathrm{K}$ 温度范围内，折射率的变化主要发生在大于 $100\mathrm{nm}$ 的深度，伴随着幅度大、范围宽。

图 4-21(c) 所示为在同一横坐标的 TE_{65}^3 和 TE_{65}^2 模式的强度、"对勾"曲线最低点定量移动和通过这些模式电场的峰和谷，以及在实验中它们清楚地显示了共振波长红移速度之间的差异。折射率的降低减缓了由微球膨胀引起的共振波长的红移速度。在"对勾"曲线最低点远离其第一个电场峰值时，TE_{65}^3 模式的红移速度加快，TE_{65}^2 模式的红移速度同时减小。随后，当温度超过 $T_{\mathrm{g}}(\infty)$ 时，TE_{65}^3 模式的红移速度降低，这是由于整个微球的折射率急剧下降

并变得均匀，"对勾"曲线变得宽广平坦，TE_{65}^2 和 TE_{65}^3 模态的红移速度差值逐渐减小并趋于消失。

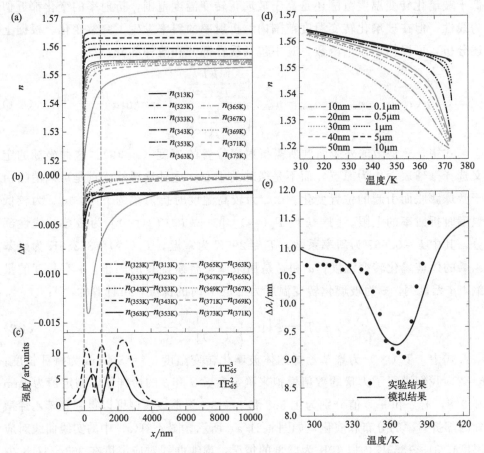

图 4-21　聚苯乙烯微球内部折射率的分布和演化及对 TE_{65}^2 和 TE_{65}^3 模式的影响

（a）不同温度聚苯乙烯微球内部的折射率分布；（b）不同温度折射率的差异；（c）TE_{65}^2 和 TE_{65}^3 电场沿径向强度分布；（d）不同深度聚苯乙烯微球内部折射率随温度的变化规律；（e）基于 TE_{65}^2 和 TE_{65}^3 模式的模拟波长偏移（根据模型拟合实验结果）

该模型不仅可以描述不同深度微球内部的折射率分布，还可以描述固定深度的折射率随温度的变化，如图 4-21（d）所示。从图中可以看出，当深度为 10nm、20nm、30nm、40nm、50nm 和 0.1μm 时，玻璃化转变温度分别为 350K、354K、358K、362K、365K 和 370K，偏差仅为 1.8K、12.6K、12.3K、9.7K、7.4K 和 3.4K。当深度为 0.5μm、1μm、5μm 和 10μm 时，玻璃化转变温度与 $T_g(\infty)$ 的值相同，为 373.8K。这进一步证实了我们模型的有效性。

此外，基于时域有限差分法的数值模拟对模型进行了验证。为了节省时间和内存，我们采用了二维模型来进行模拟，其中采用了圆柱体而不是微球作为微腔。将圆柱体分为 21 层壳体，根据模型设置各层的折射率。模拟结果与实验结果吻合，可以验证二维模型的有效性。TE^2_{65} 和 TE^3_{65} 模式的共振波长的差异被监测，如图 4-21(d) 所示，其中也给出了实验结果。如图 4-21(e) 所示，模拟结果与实验结果吻合较好，验证了模型的有效性。

综上所述，我们提出了一种有效的策略，即通过观察和分析聚苯乙烯微球内两个径向回音壁模式的共振波长差，来获取玻璃化转变过程中聚苯乙烯微球的折射率信息。我们设计并制作了一种光栅耦合微球器件，用于对两种径向回音壁模式的谐振波长漂移进行实验观测；建立了一个模型来描述折射率在微球内部的分布和演化，并解释了实验结果，结果表明两种径向回音壁模式的波长差曲线上出现了一个峰值；通过数值模拟验证了模型的有效性，得到了聚苯乙烯微球在玻璃化转变过程中折射率的分布和变化规律。在未来，可以用这种方法对各种高分子材料制成的微球进行研究，从而进一步了解其物理或化学性质。该策略也具有进一步扩大微腔光学在温度传感和细胞生物学应用领域的应用潜力。如果将一个球形细胞作为回音壁模式微腔并激活其内部的回音壁模式，我们的方法可能是观察细胞内生命过程的有效方法。

在本节中利用光栅耦合微球结构测试了蒸气传感特性、温度传感特性，整体结构框架总结如图 4-22 所示。在蒸气传感测试中我们观察到了蒸气响应中

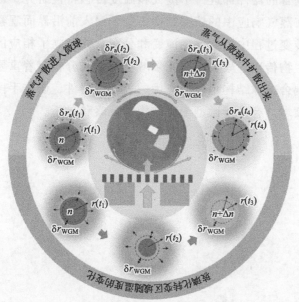

图 4-22 对光栅耦合微球结构蒸气传感和温度传感性能总结框架

的核壳结构，以及分子浸入前沿界面现象。在温度传感测试中观察到了玻璃化转变过程中折射率的演变和分布。这一研究进展有利于"纤上实验室"在生物传感、材料研究领域的应用。这一实验方法可应用于细胞生物学、材料学等领域。

4.3　本章小结

本章主要介绍了将球形回音壁模式光学微腔引入光纤端面的两种方式。一个是通过波导耦合激发球形腔回音壁模式的方式，另一个是通过光栅耦合激发球形腔回音壁模式的方式。微球腔的引入，解决了光纤端面上利用光刻胶制备的微腔品质因子低的问题。两种方法都得到了高品质因子的球形回音壁模式，品质因子可达到 4.6×10^5。同时，在微纳波导耦合的基础上引入的微纳光栅耦合方式，解决了耦合器脆弱等问题，提高了稳健性。聚苯乙烯微球的引入提高了光纤端面上器件材料的多样化性能。

本章提出了两种自组装方法：一种是底座辅助自组装微球的方法，另一种是模板辅助自组装微球的方法。这两种方法有利于自组装的顺利进行，提高了自组装效率和成功率。

两种方式耦合的器件都进行了蒸气和温度传感特性研究。重点研究了光栅耦合微球结构在蒸气响应中的核壳结构、分子浸入前沿界面观察，以及温度响应下的玻璃化转变过程中折射率的演变和分布，并建立了相应的物理模型。这一物理模型对生物传感、聚合物研究领域上的参数分析有着重要的意义。光纤端面上的光栅耦合微球结构也可以作为一种观察器件、研究手段，应用于生物传感、医疗等领域，有助于微型细胞结构的观察和分析。

第5章

七芯光纤端面上双微球腔传感特性

结构决定功能，不同的结构设计会带来不同的功能。与单个微球腔传感结构相比，双微球腔是一个耦合腔，两个腔中的回音壁模式会发生耦合作用，形成新的光波模式。双微球腔的两个球接触的几何构型使得其与被检测物的相互作用方式也发生了变化，因此其传感特性也有了新的变化。本章将深入研究聚苯乙烯双微球耦合腔对于有机蒸气的传感特性，以及在加热条件下两个聚苯乙烯微球之间相互焊接和融合的物态变化过程。

5.1 七芯光纤端面上双微球耦合腔光学特性及实验制备

本节采用微纳光栅耦合方式来实现双微球耦合腔中的回音壁模式的激发，并研究了这一耦合结构的光学特性和实验制备后的特殊传感性能。

5.1.1 光栅激发的双微球耦合腔光学特性

首先，详细介绍光栅耦合激发的双微球耦合腔中的光学特性。

光栅耦合双微球腔结构模型如图 5-1 所示，两个半径为 $10\mu m$ 微球以垂直正对的堆叠方式，置于光栅正上方，且与光栅的间隔为 500nm（这一间隔是第 4 章中通过数值模拟计算得到的最优的几何参数值）。光栅为一维光栅结构，其参数值和第 4 章数值模拟得到的最优几何参数值保持一致：光栅周期 P 为 1400nm，光栅高为 $1\mu m$，占空比 D 为 0.5，折射率为 1.52。光栅位于光纤端

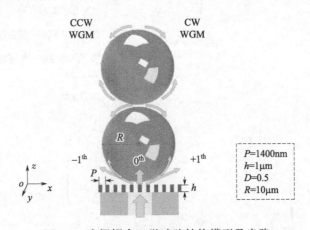

图 5-1　光栅耦合双微球腔结构模型及光路

面上。光波从纤芯中向上射出，经过光栅，发生衍射。其一级衍射，在衍射光波矢量和球形回音壁模式波矢量匹配的情况下耦合进入微球，激发双微球耦合腔的回音壁耦合模式。由于光栅衍射正、负一级衍射对称，所以顺时针和逆时针回音壁模式都被激发，在微球腔中叠加形成驻波。

采用数值模拟方式对上述模型的光学特性进行详细分析。图 5-2 为双微球耦合腔的光学特性数值模拟结果分析。图 5-2(a) 为在光栅耦合情况下，两微球不同间隔时候的反射光谱。两个微球之间的耦合间隔从 $d=1.5\mu m$ 变化到 $d=0.1\mu m$，变化间隔为 $0.1\mu m$。可以看到，随着两个微球腔的间距逐渐从 $1.5\mu m$ 减小至 $0.1\mu m$，两个微球腔也逐渐从无耦合到欠耦合再到过耦合状态变化。当两个微球腔的间距大于 $1.4\mu m$ 时，两个微球腔之间不发生耦合。此时模拟所得到的反射光谱结果表现为四个共振峰，与单个微球腔的反射光谱完全一致，如图 5-2(a) 下面板光谱数据所示。此处同时也给出了单个微球腔的模拟和实验光谱结果，且模拟和实验光谱中共振峰峰位和共振峰个数几乎完全保持一致，共振峰从左到右依次为 TE_{49}^3、TE_{53}^2、TE_{48}^3、TE_{52}^2，如图 5-2(b) 所示。当两个微球腔的间距小于 $1.4\mu m$ 时，两个微球腔开始发生耦合。对于 $1.4\mu m \geqslant d \geqslant 0.5\mu m$，可以认为两个微球腔处于欠耦合状态，回音壁模式开始发生劈裂，如图 5-2(a) 中间面板光谱数据所示，随着耦合间隔的减小，在 $d=1.4\mu m$ 的时候，第一个共振峰（TE_{49}^3）和第三个共振峰（TE_{48}^3）首先开始发生明显的劈裂现象，且劈裂程度随着耦合间隔减小逐渐增强。接着，在 $d=1.3\mu m$ 的时候，第二个共振峰（TE_{53}^2）和第四个共振峰（TE_{52}^2）也发生明显的劈裂现象，也随着耦合间隔减小，劈裂程度增强。除此之外，在 $d=0.5\mu m$ 的时候，光谱中 1529nm 和 1553nm 处各自明显多了一个高品质因子共振峰，且随着耦合间隔的减小，这两处的共振峰也产生了劈裂现象，劈裂程度增强。当 $d=0.1\mu m$ 的时候，在单个微球本身的四个共振峰以及新耦合出来的两个共振峰一起发生劈裂的前提下，共有 12 个共振峰存在，充分说明第二个微球从远离到靠近第一个微球，逐渐发生了不同阶径向模式的光学劈裂现象。首先是三阶径向光学模式先发生展宽劈裂现象，接着是二阶径向光学模式发生展宽劈裂现象，最后产生了一阶径向光学模式，随后也发生了展宽劈裂现象。值得注意的是，光栅耦合单个微球结构并不能激发出一阶径向球形回音壁模式，但在双微球耦合腔的情况下，激发出了高阶径向模式。对于两个微球腔间距为 0 的情况（这对应于实验情况），反射光谱中表现为所有回音壁模式的完全劈裂形式，如图 5-2(a) 上面板光谱所示，其中包括模拟光谱和实验光谱，光谱中共振峰位置和个数基本

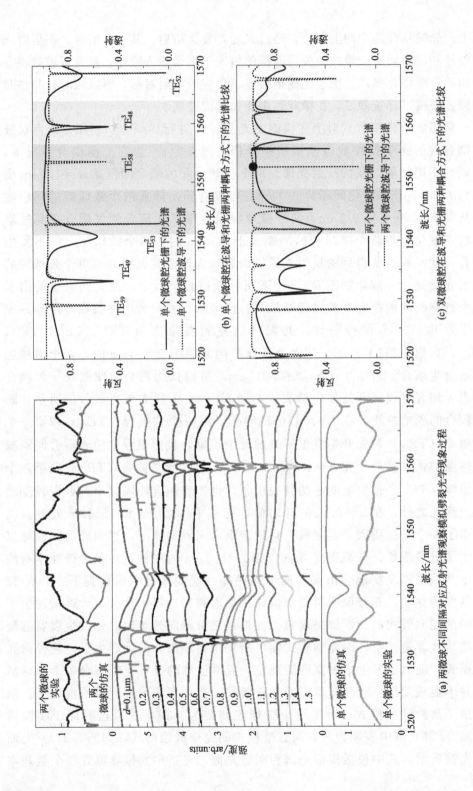

(a) 两微球不同间隔对应反射光谱观察模拟劈裂光学现象过程

(b) 单个微球腔在波导和光栅两种耦合方式下的光谱比较

(c) 双微球腔在波导和光栅两种耦合方式下的光谱比较

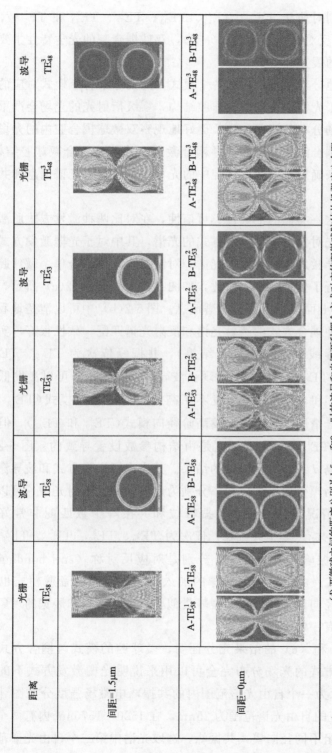

距离	光栅 TE$_{58}^{1}$	波导 TE$_{58}^{1}$	光栅 TE$_{53}^{2}$	波导 TE$_{53}^{2}$	光栅 TE$_{48}^{3}$	波导 TE$_{48}^{3}$
间距=1.5μm	A-TE$_{58}^{1}$ B-TE$_{58}^{1}$	A-TE$_{58}^{1}$ B-TE$_{58}^{1}$	A-TE$_{53}^{2}$ B-TE$_{53}^{2}$	A-TE$_{53}^{2}$ B-TE$_{53}^{2}$	A-TE$_{48}^{3}$ B-TE$_{48}^{3}$	A-TE$_{48}^{3}$ B-TE$_{48}^{3}$
间距=0μm						

(d) 两微球之间的距离分别为1.5μm和0μm时的波导和光栅两种耦合方式对应的双微球整合结构场强度分布图

图 5-2 光栅耦合双微球腔结构的光学特性

保持一致，分别对应于 TE_{59}^1、TE_{49}^3、TE_{53}^2、TE_{58}^1、TE_{48}^3 和 TE_{52}^2 六个光学模式的劈裂形式（反对称和对称模式分支），双球耦合腔的光学特性主要表现为球形回音壁模式的展宽和劈裂。

为了清晰地分辨出光谱中的各个模式，需要考察各个模式对应的光场分布情况。但是对于光栅耦合的双微球腔结构，零级衍射光的光场会严重干扰双微球耦合腔电磁场分布的观察。为了更好地观察双微球耦合腔内的光场分布，同时模拟了光栅耦合激发方式和波导耦合激发方式下双耦合微球腔结构的光场，并将二者对比来确定双耦合微球腔中的光场模式，观察光谱信息和共振峰电磁场强度分布。

为了确定这一类比的准确性、可信性，在对比两种激发方式所激发的模式的光场之前，先对比了两种激发方式的光谱，其中对于光栅激发方式为反射光谱，而对于波导激发方式为透射光谱。对波导和光栅耦合单个微球腔和双微球腔结构分别进行了模拟的结果对比，如图 5-2(b) 和图 5-2(c) 所示，也分别对应于图 5-2(a) 上面板和下面板光谱信息。图 5-2(b) 中可以清楚地看到单个微球情况下，两种耦合方式的透射光谱和反射光谱匹配一致性很好（实线为光栅的耦合结果，虚线为波导的耦合结果），共振峰依次为 TE_{59}^1、TE_{49}^3、TE_{53}^2、TE_{58}^1、TE_{48}^3 和 TE_{52}^2。仔细观察发现：波导激发方式下，可以激发低阶径向回音壁模式（TE_{59}^1 和 TE_{58}^1），但激发不了高阶径向回音壁模式（TE_{49}^3 和 TE_{48}^3）；而微纳光栅耦合情况下，可以激发高阶径向模式（TE_{49}^3 和 TE_{48}^3），但激发不了低阶径向模式（TE_{59}^1 和 TE_{58}^1）。这是由结构参数设置导致的。图 5-2(c) 为双微球耦合腔间隔 $d=0\mu m$ 情况下的结果。其中光栅激发方式和波导激发方式的光谱分别对应为黑色曲线和虚线，分别为反射光谱和透射光谱。可以清楚地看到，两种耦合情况下，光谱中共振峰位和共振峰个数匹配非常好，$1520\sim1570nm$ 波段内共有 12 个共振峰，依次为 TE_{59}^1、TE_{49}^3、TE_{53}^2、TE_{58}^1、TE_{48}^3 和 TE_{52}^2 这六个共振峰的劈裂峰值，分别是对应反对称（anti bonding）和对称（bonding）模式。由于第二个微球的加入，一阶径向回音壁模式也被激发出来，且和其他径向回音壁模式共振峰类似，产生了劈裂和展宽的现象，从一个峰值变为两个有一定距离的峰值。

图 5-2(b) 和 (c) 的结果充分证明，微球腔的模式与耦合方式无关。因此，波导激发方式的光场分布完全可以用来说明光栅激发方式下的情况。如图 5-2(d) 所示为一个自由光谱范围内的共振峰电磁场强度分布图〔因为半径 $10\mu m$ 的球对应的自由光谱范围为 25nm，在 $1520\sim1570nm$ 内有两个自由光谱范围，对应两组不同径向模式共振峰，选取光谱中第二个自由光谱范围内的不

同径向模式共振峰进行分析观察，对应于图 5-2(b) 和（c）中标注的 3 个区域〕。图中很明显看到对应于光栅激发方式的所有场分布图，两个球之间的部分被光栅的零级衍射光场淹没，不容易分辨两微球腔接触点处耦合电磁场强度分布情况。而波导激发方式的所有场分布图，没有杂光的影响，可以很清楚地看到两个球之间接触点处的电磁场强度分布情况。图 5-2(d) 上半部分中显示了在 $d=1.5\mu m$ 时，波导和光栅两种情况耦合下，TE_{58}^1、TE_{53}^2 和 TE_{48}^3 3 个回音壁模式共振峰位置的电磁场强度分布图对比情况。图 5-2(d) 下半部分中显示了在 $d=0\mu m$ 时，波导和光栅两种情况耦合下，劈裂后的 3 对反对称和对称回音壁模式共振峰位置的电磁场分布图对比情况，3 对反对称和对称回音壁模式共振峰分别为 A-TE_{58}^1 和 B-TE_{58}^1、A-TE_{53}^2 和 B-TE_{53}^2、A-TE_{48}^3 和 B-TE_{48}^3，其中，反对称模式用 A 表示，对称模式用 B 表示。可以很清楚地看到一阶径向模式都为典型的一个圈的场分布，且分布于球最外圈，有一部分场分布在球外，这是球形微腔的倏逝场分布。二阶径向模式和三阶径向模式一次展现为 2个圈的场分布和 3 个圈的场分布。波导耦合场分布和光栅耦合场分布一一对应。在电磁场分布图中可以清楚看到对于每一个反对称模式情况，两个耦合微球之间的接触点场分布都较弱，而对于每一个对称模式情况，两个耦合微球之间的接触点场分布较强，所以在图 5-2(a)～(c) 中看到反对称模式较对称模式漂移量小很多。接触点场分布的强弱，关系到此处停留的物质与光相互作用的强弱。利用这一双微球腔耦合结构的回音壁模式光学特性可以制作接触点高灵敏度传感器。

5.1.2　七芯光纤端面上双微球耦合腔器件的设计

本节将介绍七芯光纤端面上集成的双微球耦合腔器件的设计。与第 3 章和第 4 章相同，依然采用七芯光纤作为搭建双微球耦合腔结构的平台。将七个垂直耦合的双微球耦合腔结构单元精准地堆叠在直径只有 $125\mu m$ 的七芯光纤端面上。

图 5-3 左侧所示为光栅耦合双微球腔结构示意图，可清楚地看到七个双微球耦合腔结构单元在开有狭缝的漏斗模板（funnel）和微球底座（pedestal）的辅助下，整齐排列，且独立地放置在光纤端面上的七个纤芯上，两纤芯之间的间隔为 $35\mu m$，微球直径为 $20\mu m$，恰好满足七个单元的互不影响的排布，保证每个单元都是独立的传感单元，一个纤芯上可以做七个传感单元集成，提高单个光纤传感器的集成度。

七芯光纤
光栅
管
微球
基座
纤芯

图 5-3　光栅耦合双微球腔结构示意图和一个单元的放大图

图 5-3 的右侧为一个单元的放大特写图，整个结构包括微纳光栅、微球底座、两个微球和漏斗模板。该光栅结构和第 4 章所述光栅结构保持一致，为 $10 \times 10 \mu m^2$ 的一维光栅，恰好覆盖在纤芯上（纤芯直径为 $6 \mu m$）。从纤芯出来的光首先经过光栅，发生衍射，来激发两个微球内的回音壁模式。微球底座起到支撑两个微球的作用，保证第一个微球和光栅之间有一定的耦合距离，以达到最佳耦合状态，激发高品质因子的微球腔回音壁模式。微球底座顶部平行于光栅衍射方向的面上开有两个开口，以及漏斗模板壁平行于光栅衍射方向上开有两个狭缝与底座开口位置保持一致。这些开口和狭缝保证整个结构光通路的形成，避免回音壁模式与微球底座、漏斗模板壁的耦合损耗。同时，需要注意的另一点是：漏斗直径要大于微球 $4 \mu m$ 左右，保证半径为 $10 \mu m$ 的微球可以顺利进入到漏斗内且不与漏斗壁接触，防止光损耗。这些细节都确保高品质因子回音壁模式的形成。

5.1.3　七芯光纤端面上双微球耦合腔器件的制备

七芯光纤端面上双微球耦合腔器件的制备采用与第 4 章相同的制备策略，即采用 3D 双光子光刻和模板辅助自组装的方法在光纤平台上进行制备。

制备流程如图 5-4(a) 所示，前两步为三维光刻显影制作模板的步骤：Ⅰ用 3D 双光子光刻在涂有 IP-L 光刻胶的七芯光纤端面上，对用软件设计好的一维光栅、微球底座、漏斗模板结构从低到高依次进行激光直写；Ⅱ激光直写后的光纤端面浸泡在丙二醇甲醚乙酸酯的显影液中大约 10min，完成光刻后的显影步骤，最终得到想要的光栅和模板结构。接着为模板辅助自组装微球的操作：Ⅲ取一滴聚苯乙烯微球胶体到光纤端面上进行有技巧地蘸取（详细过程如第 4 章所述）；Ⅳ移走聚苯乙烯微球胶体，在模板辅助的情况下，通过水的表面张力，将微球拉到漏斗内，完成了模板辅助自组装；Ⅴ等待几秒，水蒸发后，在七芯光纤端面上得到了整齐的七个垂直耦合双微球结构单元。

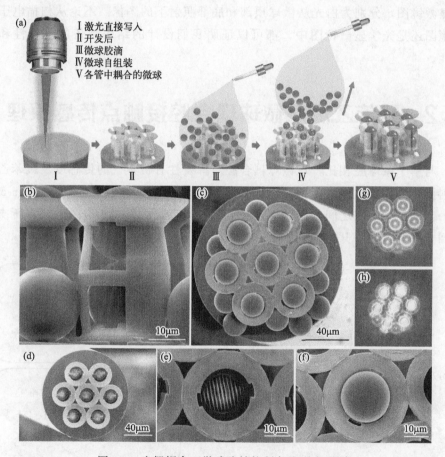

图 5-4 光栅耦合双微球腔结构制备流程和观测

（a）制备流程；（b）滴球后扫描电子显微镜图像部分结构侧视图；（c）滴球后扫描电子显微镜图像整体结构俯视图；（d）滴球前扫描电子显微镜图像整体结构俯视图；（e）滴球前一个单元结构扫描电子显微镜图像俯视图；（f）滴球后一个单元结构扫描电子显微镜图像俯视图；（g），（h）从微球顶部打光和从底部打光的光学显微镜图

图 5-4(b)~(f) 为制作好的样品的扫描电子显微镜图像，图 5-4(d) 和 (e) 为 3D 双光子光刻显影后（滴球前）的光栅和模板结构的扫描电子显微镜

图，图 5-4(d) 是七个结构的整体图，图 5-4(e) 是其中一个结构的细节图，可以清楚看到平整光滑的光栅结构和漏斗结构。图 5-4(c) 和（b）为模板辅助自组装之后的结构图，14 个微球都顺利进入到漏斗模板内，形成了完整的七个垂直耦合双微球结构单元，可供后续传感测试。其中图 5-4(c) 为七个垂直耦合双微球结构集成到光纤端面上的整体图，图 5-4(b) 为其中一个结构单元的侧视图。图 5-4(g) 和(h) 为七个垂直耦合双微球结构集成到光纤端面上的光学显微镜图，分别为白光从微球顶部和底部照射下的图像。不论从扫描电子显微镜图还是光学显微镜图中，都可以证明我们设计的结构制备的可行性和成功性。

5.2 聚苯乙烯双微球耦合腔接触点传感原理

与单个微球腔相比，双微球耦合腔对挥发性有机蒸气的传感以及聚苯乙烯材料受热玻璃化过程的传感表现出独有的特点。其独特的传感原理如图 5-5 所示，当两个微球腔之间的间距从远到近，发生耦合之后，相应的微球腔所支持的回音壁模式从一开始的简并模式开始展宽、劈裂并红移。

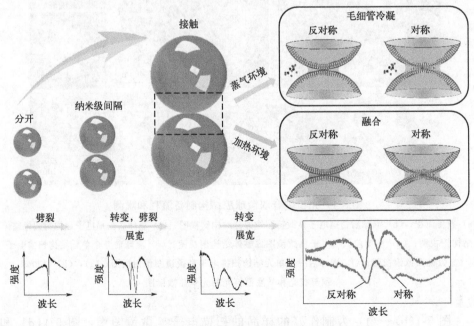

图 5-5　光栅耦合双微球腔结构传感原理图

当两个微球腔接触后，接触点形成了一个非常特殊的区域。

首先，对称和反对称光场在接触点处的分布完全不同。对于对称模式，光场在接触点相干叠加，场强增大，光场的最大值在接触点处。因此，如果接触点处有局部的折射率变化，那么对称模式受到的影响将比较明显。对于反对称模式，光场在接触点处相消叠加，光场减弱几乎为零。因此，如果接触点处有局部的折射率变化，那么反对称模式受到的影响几乎可以忽略。而在微球腔其他部位发生的各种变化对两种模式的影响基本上是完全相同的。因此表现在光谱上，两种模式的波长漂移会呈现出不同的幅度，而且这种不同仅仅是由接触点处的物理变化造成的。这样这个独特的接触点与对称和反对称回音壁模式的不同作用，就提供了一种局部折射率变化自参考传感的途径，其中对称模式为传感模式，反对称模式作为参考模式，可以有效地排除外界干扰，获得接触点处局部折射率变化信息。其次，两颗微球的接触点处实际上是一个纳米狭缝区域，而纳米狭缝区域对挥发性有机物来说可以产生毛细凝聚，对于高分子材料的玻璃化来说可以相互熔融。因此两颗微球的接触点还同时具备了局域微量流体的能力。当将微球置于蒸气环境中后，接触点处会发生毛细凝聚，挥发性有机物从气态变为液态。物质形态变化后，由于表面张力的作用在接触点以及其附近空间位置内形成一圈规则的、垂直于两微球结构单元的面，表现为半月形的液体凝聚物，如图 5-5 中两微球之间的部分。因此双微球耦合腔有望增强对挥发性有机物蒸气的传感灵敏度。当两微球为聚苯乙烯高分子材料时，由于高分子材料本身的特性，其表面存在纳米厚度的流动层，加热后在表面张力的作用下，纳米厚度的流动层也会像挥发性有机物的液态凝聚一样，在两颗球之间的接触点处蠕动聚集，同样形成半月形的凝聚物，如图 5-5 中两微球之间的部分。因此双微球耦合腔的接触点就成了一个光场模式与液态物质相互作用的一个场所，成为基于回音壁模式研究光与物质相互作用的一个特殊点。

5.3 挥发性有机物蒸气在双微球耦合腔接触点处凝聚的实验观测

基于上述传感原理，这一节在实验上对双微球耦合腔器件进行挥发性有机物蒸气传感的详细表征和数据分析，如图 5-6 所示。

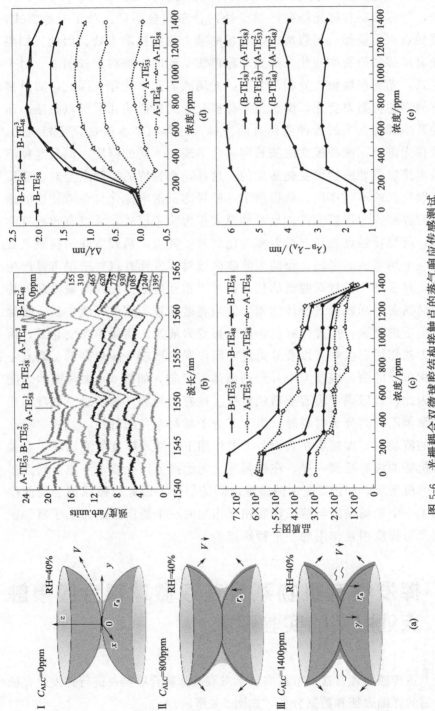

图 5-6 光栅耦合双微球腔结构接触品的蒸气响应传感测试

(a) 蒸气响应传感过程对应各个阶段原理图；(b) 不同蒸气浓度对应反射光谱；(c) 蒸气响应传感过程各个共振模式品质因子变化；(d) 蒸气响应传感过程劈裂两模式共振模式波长漂移量的变化；(e) 蒸气响应传感过程劈裂两模式共振模式波长差值的变化

为了观察接触点处液态凝聚物的动态变化，并排除外界空气气流的干扰，将双微球耦合腔置于一个稳定的蒸气浓度环境中。稳定的蒸气浓度环境由 50mL 的一定浓度的被检测的挥发性有机物水溶液产生，溶液位于一个体积为 125mL 的容器中，容器开有直径为 1mm 的小孔与大气相通（见第 2 章的测试装置）。在实验室测试环境中，大气压为一个标准大气压，温度保持为 22℃。在这些条件稳定的情况下，容器中液体上方的气体为空气、水蒸气和被检测物的蒸气的混合，并且各组分的浓度保持长时间稳定，这从样品长时间处于容器中的共振峰的稳定性可以得到验证。

通过控制被检测物水溶液的浓度，气体环境中被检测物的蒸气浓度精确可控地随之改变。浓度每改变一次，双微球耦合腔器件在环境中停留 10min，以确保蒸气浓度稳定不再变化，随后记录示波器上的稳定光谱。

实验中，采用乙醇作为被检测物。实验结果如图 5-6(b) 所示，光谱记录波段为 1540～1565nm，目的是和数值模拟结果中共振峰场分布分析保持一致。可以看到整个光谱中存在六个共振峰，依次为 A-TE_{58}^1 和 B-TE_{58}^1、A-TE_{53}^2 和 B-TE_{53}^2、A-TE_{48}^3 和 B-TE_{48}^3，也就是 TE_{58}^1、TE_{53}^2 和 TE_{48}^3 峰值的劈裂反对称和对称模式，和上文中的数值模拟结果一一对应。其中最上面的光谱曲线为乙醇溶液蒸气浓度为 0ppm 的时候（纯水蒸气环境）的实验记录光谱，此时双微球耦合腔之间接触点处的凝聚液体为纯水，其状态如图 5-6(a) 中的 Ⅰ 示意图所示，实验室湿度保持在 40%，对应的凝聚体积为 V，凝聚物半径为 r_a。

接下来，对样品所在的装有 50mL 水溶液的小瓶分多次注入等量的乙醇来改变气体环境中的乙醇蒸气的浓度。实验中，每次乙醇水溶液的浓度变化为 0.2%，对应的乙醇蒸气浓度变化为 155ppm。乙醇水溶液的浓度从 0.2% 增加到 2%，对应的蒸气浓度从 155ppm 到 1550ppm，每次注射结束后等待时间为 10min 直至气体环境中的乙醇蒸气浓度保持稳定为止。

实验得到了图 5-6(b) 中的一系列不同蒸气浓度下的反射光谱图。对于蒸气浓度为 155～930ppm 时，由于聚苯乙烯微球对乙醇分子的吸收，微球表面发生溶胀作用，造成两个微球发生膨胀，导致它们之间的接触点处发生挤压，于是接触点面积变大，凝聚液体被挤向两边，接触点处的凝聚半径 r_a 增大，从而造成反对称和对称模式共振峰的红移和展宽。可以看到实验结果与数值模拟结果保持一致，随着凝聚半径的增大，共振峰红移，但是对称模式红移量明显大于反对称模式。因此，对称和反对称模式之间的间距随着凝聚半径和体积的增大，越来越大。考虑到乙醇的摩尔体积为 $5.8 \times 10^{-5} m^3/mol$，表面张力

22.3mN/m，其溶液蒸气浓度含量仅仅为 0～1100ppm，因此乙醇在接触点处的毛细凝聚的增加量可以忽略。对称和反对称共振峰之间的间距变化只能是两微球之间挤压，接触点面积增大造成的。

对于双微球耦合腔回音壁模式，乙醇蒸气浓度变化造成的两个微球接触点处液体凝聚状态的情况如图 5-6(a) Ⅱ 所示。实验环境中水蒸气的浓度（相对湿度 RH）保持在 40% 不变。而当乙醇的蒸气浓度不断增大，由于吸收蒸气分子，聚苯乙烯微球发生膨胀，半径增大，两微球接触点处发生挤压和变形，从一开始的正球体到此时的接触点位置变扁的变形球体，相对应的接触点位置凝聚液体半径增大。但是凝聚液体的体积反而有轻微减小，这是因为随着乙醇注入量的增加，水溶液的表面张力减小，原本在狭缝中凝聚的液体开始挥发，但是在这个状态下是轻微的变化。

接着继续增加乙醇浓度，聚苯乙烯微球中乙醇蒸气分子吸收饱和，两微球之间的接触点挤压不再增加，凝聚液体半径不再增大，乙醇渗透深度越过了模式的第一个场分布，于是所有的共振峰表现出红移量减小。对应的光谱为图 5-6(b) 中 1085～1395ppm 的光谱曲线，但是所有共振峰在继续展宽。然而可以看到共振峰出现了蓝移的现象，这是因为随着乙醇蒸气浓度的增加，水溶液的表面张力继续减小，原本在狭缝中凝聚的液体开始挥发，凝聚体积减小，凝聚半径减小，因此造成了光谱中共振峰的蓝移。在这些蒸气环境中，双微球之间接触点处的液体凝聚状态如图 5-6(a) 中的Ⅲ示意图所示，实验室测试环境中，保持湿度为 40% 稳定不变，接触点周围环境乙醇溶液蒸气浓度为1400ppm。此时的接触点凝聚体积减小，凝聚半径减小。

从图 5-6(b) 中，也可以看到共振峰的劈裂仅仅发生在凝聚液体量很少的时候，当液体量增大到一定程度，劈裂就不再增加，如蒸气浓度从 0ppm 变化到 310ppm 时劈裂程度加大，但在从 310ppm 到 1395ppm 时，劈裂增加量很小。

图 5-6（c）所示为随着接触点周围环境蒸气浓度的增大（从 0 到1395ppm），所有共振峰一直在展宽、品质因子一直处于减小的状态，但是在310ppm 和 1395ppm 时变化明显。

图 5-6(d) 为图 5-6(a) 波长实验数据的提取，得到了随接触点周围环境蒸气浓度变化，共振峰漂移量的变化情况。很直观地看到所有对称模式的漂移量都大于反对称模式的漂移量。在浓度小于 930ppm 时，所有模式共振峰漂移量随着浓度增加而增加，这是由于微球吸收蒸气分子，产生膨胀，接触点发生挤压，凝聚半径逐渐增加；在浓度到达 930ppm 时，所有共振峰漂移量达到最大

值，这是由于微球膨胀、挤压达到最大的时候，凝聚半径达到最大，共振峰漂移量最大；在浓度大于 930ppm 时，随着浓度的再增加，共振峰漂移量不再增加，甚至有一些减小，这是由于乙醇表面张力小，因此凝聚液体蒸发、凝聚半径减小，共振峰蓝移。

图 5-6(e) 为图 5-6(b) 中的 3 对劈裂模式各自对称模式和反对称模式共振峰位相减的结果。随着接触点周围环境蒸气浓度的增加，通过每对劈裂模式共振峰漂移量差的变化，可以看到一阶径向模式的漂移量差远远大于二阶径向模式和三阶径向模式的差。说明一阶径向模式的反对称和对称模式劈裂程度更大，双微球接触点传感灵敏度更高。

5.4 聚苯乙烯双微球耦合腔接触点玻璃化熔接

这一节对双微球耦合腔接触点聚苯乙烯受热下的玻璃化熔接温度传感响应的实验结果进行详细说明和数据分析。

在对结构进行加热实验中，我们将样品放置在一个用锡纸包裹严密的玻璃瓶内，保证瓶内和样品周围环境的温度保持恒定，瓶内同时还会有一个实时的电热温度计，记录瓶内环境温度。玻璃瓶放置于加热台上，以供结构升温和温度控制。温度从 298K 增加到 413K，间隔为 5K，如图 5-7 所示，温度每改变一次，等待 10min，以保证瓶内温度的均一稳定，所记录的测试光谱为稳定情况下的光谱情况。对应的反射光谱如图 5-7(b) 所示，光谱范围为 1520～1570nm。

从图 5-7 中可以观察到：

在温度范围为 298～318K 时，观测到的结构的反射光谱是光栅和单个微球的耦合结果，反射光谱中对应的共振峰依次为 TE_{59}^1、TE_{49}^3、TE_{53}^2、TE_{58}^1、TE_{48}^3 和 TE_{52}^2，只激发了单个微球中的回音壁模式，没有看到劈裂现象发生，和第 4 章中光栅耦合单个微球的光谱保持一致。这说明，在这一温度范围内，两个微球之间的间距比较大，尚未发生耦合。这一情况为图 5-7(a) 示意图中的 I 所示，两微球距离大于 $1.5\mu m$ [和图 5-2(a) 数值模拟结果一致]，两微球没有被加热、没有膨胀，所以它们之间没有接触，也就没有液体的凝聚，这可以从图 5-7(c) 中室温（298K）时两微球的扫描电子显微镜图所示的状态得到证明。

随着温度的升高，从 318K 开始，反射光谱中逐渐出现劈裂现象，如模式

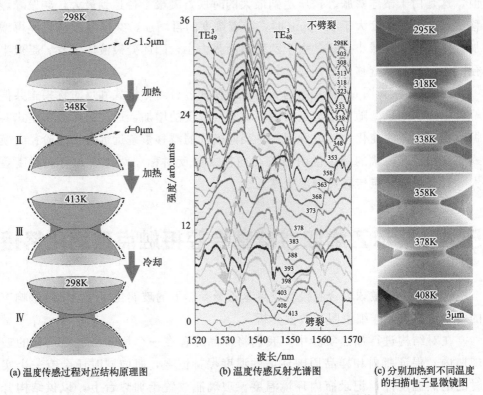

(a) 温度传感过程对应结构原理图　　　(b) 温度传感反射光谱图　　　(c) 分别加热到不同温度
的扫描电子显微镜图

图 5-7　聚苯乙烯双微球耦合腔接触点玻璃化熔接温度传感过程

TE_{49}^3 和模式 TE_{48}^3，但是并不明显，只有很微弱的现象。直到 348K 的时候，光谱中的共振峰，特别是 TE_{49}^3 和 TE_{48}^3 模式共振峰突然出现了大的劈裂现象。这是因为，在环境温度升高的过程中，两微球之间的间距减小到了零，同时接触点处发生了熔接现象。

　　如果这一间距的变化只是因为加热过程中两微球的膨胀引起，那么按照第 4 章的模拟结果显示：微球半径的增大会引起共振峰发生红移，半径增大 0.04μm，共振峰红移量可达到 6nm。但是图 5-7(b) 中并没有显示这么大范围的共振峰红移，而是共振峰都表现为蓝移。同时，聚苯乙烯微球本身的材料也没有这么大的膨胀率。那么究竟是什么原因造成这么大间距的变化？考虑到微球置于耐高温的 IP-L 光刻胶筒内，当整个结构加热时，由于 IP-L 光刻胶相对膨胀量比较小、聚苯乙烯微球膨胀量相对来说比较大，因此聚苯乙烯微球的膨胀将受到外面 IP-L 筒的阻碍，从而在水平方向上膨胀受阻，在竖直方向上膨胀增加。原本两个微球之间存在一定的间距，随着温度的升高，两个微球之间间距减小并接触，随着温度进一步升高，两个微球表面开始融化，从而熔接在一起。整个过程如图5-7（a）所示。

同时这个挤压形变与图 5-7(b) 中观测到的由于微球形变造成的形变 WGMs 的出现相一致。所以说两微球之间 $1.5\mu m$ 间距的变化是微球受热膨胀和被挤压形变共同导致的，但是由于微球膨胀会导致共振峰发生红移现象，而图 5-7(b) 中显示是蓝移的现象，说明两微球被挤压形变占主导地位。

由于两微球被挤压形变，两微球之间的间距减小至零，之后发生接触，接触点发生熔接，造成了共振峰劈裂程度突然加大。在这些温度环境中，双耦合微球之间熔接点处的液体凝聚状态为图 5-7(a) 示意图中的 Ⅱ 所示，经过加热，微球形变（虚线为没有加热没有变形的球体轮廓），两球之间的间距逐渐变为 $0\mu m$，导致了 348K 时光谱中共振峰劈裂程度突然加大。此时接触点也存在熔接现象，也就是图中两微球接触点处的红色部分所示。同时，图 5-7(c) 中 318K 和 338K 时的扫描电子显微镜图都证实熔接点的出现。

随着温度的继续升高，两微球会继续靠近，接触点发生挤压。这种挤压会造成接触点处熔接的液态聚苯乙烯凝聚物向外扩（和蒸气凝聚类似），导致接触点凝聚半径增大，从而更进一步造成共振峰的漂移和劈裂幅度的增大。如图 5-7(b) 所示的反射光谱曲线中，温度从 348K 到 408K，TE_{48}^3 模式的两劈裂模式对称和反对称共振峰劈裂程度从 1.9nm 的间隔变化到 11.9nm 的间隔，充分体现了两微球熔接点高灵敏度特性。在这些温度环境中，双耦合微球之间熔接点处的液体凝聚状态为图 5-7(a) 中的 Ⅲ 示意图所示，经过继续加热，两微球继续形变（虚线为没有加热没有变形的球体轮廓）、继续靠近，于是两微球之间的接触点发生挤压，接触点处面积增大，产生熔接的液态聚苯乙烯凝聚物向两边外扩的现象，如图中两微球接触点处的部分，凝聚半径要大于 Ⅱ 状态下的半径。同时，图 5-7(c) 中可以看到，408K 相对于低温度，两微球之间熔接点凝聚物更明显。

在温度大于 408K 后，聚苯乙烯微球从玻璃态转变为高弹态，反射光谱中，各个球形回音壁模式共振峰瞬间消失，对应于图 5-7(b) 中 413K 时的反射光谱，不再有共振峰存在，整个光谱变为一条平整的曲线。

在加热结束后，样品远离加热台，随着温度的降低，两微球会发生自然收缩，导致两微球之间的接触点处的半月形凝聚物被拉伸，如图 5-7(a) 中的最后一张示意图 Ⅳ 所示，也就是两微球耦合结构回归到室温 298K 后的状态，图中两微球之间的红色部分，也就代表半月形凝聚物。相对于前面三个状态，其凝聚体积向两微球接触反方向拉伸变高，对应的两微球恢复正球体的趋势（虚线为没有加热没有变形的球体轮廓）。

图 5-7(c) 为双微球耦合腔分别加热到不同温度后测试的扫描电子显微镜图，目的是单独观察不同温度下两微球之间接触点凝聚物状态。考虑到扫描电子显微镜图都是结构被加热又冷却后得到的测试结果，所以可以看到图中两微球之间的半月形凝聚物都是处于一种被拉伸状态。这是由于结构加热时发生挤压，降温时两微球发生收缩，两微球间距增大，于是半月形凝聚物被拉伸，如图 5-7(a) 中的 IV 示意图所示。

图 5-8(a) 为图 5-7(b) 的一部分数据放大图，目的是观察由于微球加热膨胀，和漏斗壁发生挤压后变形，而产生的回音壁模式，也就是图中五角星标注的共振峰位置，我们把它称为形变 WGMs；以及由于两微球直接接触发生的耦合劈裂模式，如图中圆圈标注的共振峰位置，我们把它称为劈裂 WGMs。

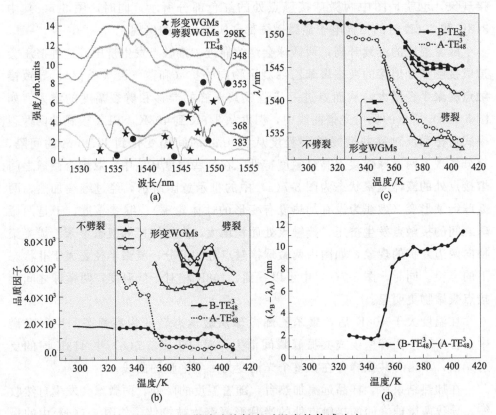

图 5-8 双微球腔接触点对温度的传感响应

(a) 图 5-7(b) 的一部分反射光谱放大图；(b) 温度传感过程中各个共振峰品质因子随温度的
变化关系；(c) 温度传感过程中各个共振峰随温度的变化关系；(d)B-TE$_{48}^3$ 和 A-TE$_{48}^3$
模式共振峰峰位的差值随温度的变化关系

为了更清楚地观察，选取的是波长区域为 1527～1555nm，温度为 298K、348K、353K、368K 和 383K 的反射光谱曲线。

图 5-8(b) 为图 5-7(b) 数据中提取的共振峰品质因子随温度的变化，包括形变 WGMs 以及 TE_{48}^3 的对称和反对称模式。在没有发生劈裂的情况下，TE_{48}^3 模式共振峰的品质因子几乎不变。在发生劈裂后，对于劈裂 WGMs，品质因子受温度的影响很大，特别是反对称模式；但是对于形变 WGMs，受温度影响小。

图 5-8(c) 为图 5-7(b) 数据中提取的共振峰峰位随温度的变化，包括形变 WGMs 以及 TE_{48}^3 的反对称和对称模式。在没有发生劈裂的情况下，如图中粉色区域：TE_{48}^3 模式共振峰几乎没有发生漂移。在发生劈裂后，对于劈裂 WGMs，$B\text{-}TE_{48}^3$ 在 358K 时开始发生大幅度蓝移现象，$A\text{-}TE_{48}^3$ 在 348K 时开始发生大幅度蓝移现象（$A\text{-}TE_{48}^3$ 先发生蓝移），蓝移量分别达到 6.3nm 和 16.3nm；对于形变 WGMs，随着温度的增加，蓝移量在增加。

图 5-8(d) 为 $B\text{-}TE_{48}^3$ 和 $A\text{-}TE_{48}^3$ 模式共振峰峰位的差值随温度的变化关系。在低于 348K 时，随温度的变化，差值基本不变。从 348K 开始，随着温度的增加，差值一直在增加，特别是在 348K 时发生了突然增加的现象。这是由于前文中提到的：低于 348K 时，两微球之间还存在一定的距离，只有微弱的劈裂现象，随着温度增加到 348K，两微球变形增大，导致两微球之间的间距变为 $0\mu m$，两微球发生耦合，同时两微球之间的熔接点有聚苯乙烯凝聚物的产生。

5.5　聚苯乙烯双微球腔接触点微量液体传感灵敏度分析

为了定量地分析回音壁模式共振波长漂移量与接触点（熔接点）处凝聚液体量之间的关系，以及相应的蒸气浓度之间的关系，我们通过数值模拟计算了不同液体凝聚量下回音壁模式波长的漂移量。

首先，对于一定浓度的挥发性有机物蒸气在两个微球之间凝聚的液体的具体的量可由开尔文公式计算获得。

以水溶液为例，由完全浸润状态下微孔的开尔文方程可以计算出凝聚的液态水的量：

$$\ln\frac{P}{P_0}=\ln(\mathrm{RH}_m)=-\frac{2\gamma V_m}{rRT} \tag{5-1}$$

式中，P 是实际的蒸气压强；P_0 是饱和蒸气压；RH_m 是相对湿度；γ 是表面张力；V_m 是液体的摩尔体积；R 是通用气体常数；r 是液滴的半径（这里相当于两颗微球之间凝聚的液体的最外侧的曲率半径）；T 是温度。水的表面张力为 $0.072\mathrm{J/m^2}$，摩尔体积为 $1.8\times10^{-5}\,\mathrm{m^3/mol}$，$R$ 为 $8.31\mathrm{J/K}$。

如果两个微球刚开始是接触的状态，那么光谱上可以看到模式劈裂的现象。考虑到两个微球的接触，那么在接触的位置会有水蒸气毛细凝聚。如果将液滴的曲率半径看作两颗微球中间液体厚度的最大值的一半，并且将液体的形状近似为半径为 r_a 的圆柱去掉两个相同半径的球冠后的体积，则液滴的体积可以由式(5-2) 来计算：

$$V=2\pi R^2(R-\sqrt{R^2-r_a^2})-\frac{2}{3}\pi(R-\sqrt{R^2-r_a^2})^2\left[3R-(R-\sqrt{R^2-r_a^2})\right]$$

$$\tag{5-2}$$

式中，R 为微球半径；r_a 为液体凝聚半径；V 为凝聚体积。

对于微球接触点处凝聚微量液体后的光谱，用时域有限差分法进行了数值模拟分析，观察凝聚物的大小对回音壁模式共振峰的影响，凝聚物的半径 r_a 从 $0\mu m$ 变化到 $4\mu m$，变化间隔为 $0.5\mu m$，得到 $\mathrm{B\text{-}TE}_{48}^3$、$\mathrm{A\text{-}TE}_{48}^3$、$\mathrm{B\text{-}TE}_{58}^1$、$\mathrm{A\text{-}TE}_{58}^1$、$\mathrm{B\text{-}TE}_{53}^2$ 和 $\mathrm{A\text{-}TE}_{53}^2$ 模式共振峰随凝聚物半径和体积增加而变化的数据图，如图 5-9(a) 所示。

从图 5-9(a) 也可以看到，随着凝聚液体体积的增加，所有的模式都呈现红移的趋势，但是对称模式要比反对称模式红移量大，证明了对称模式和反对称模式对于接触点处的液体凝聚的传感灵敏度不同。对称模式接触点处的场分布强，与凝聚物的光物质相互作用强，于是产生更大的灵敏度。图 5-9(b) 为 $\mathrm{B\text{-}TE}_{53}^2$ 模式分别在 r_a 为 $0\mu m$、$1\mu m$ 和 $2\mu m$ 时的场强度分布图，对应的共振峰位置依次为 1545.51nm、1545.81nm 和 1546.72nm。随着 r_a 增大，两微球之间的接触点（熔接点）处场分布强度变强。

图 5-9(c) 为 $\mathrm{B\text{-}TE}_{58}^1$ 模式共振峰在不同 r_a 值下的光谱曲线。r_a 从 $0.025\mu m$ 变化到 $0.251\mu m$，共振峰漂移量为 14pm。如果将微球间隙内的液体等效为一个球体的话，那么对应的半径为 42nm，可以看到，双微球耦合腔与单个微球对半径为 42nm 的纳米颗粒具有相同的传感灵敏度。这意味着双微球耦合腔对微量液体传感具有超高的灵敏度。

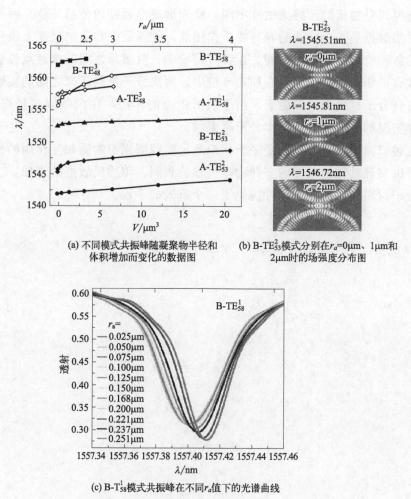

(a) 不同模式共振峰随凝聚物半径和
    体积增加而变化的数据图

(b) B-TE$_{53}^2$模式分别在r_a=0μm、1μm和
    2μm时的场强度分布图

(c) B-T$_{58}^1$模式共振峰在不同r_a值下的光谱曲线

图 5-9 聚苯乙烯双微球腔接触点微量液体传感灵敏度分析

5.6 本章小结

    本章中主要研究了双微球耦合腔接触点传感特性，包括双微球耦合腔模式
劈裂光学特性的数值模拟、器件设计和制备，以及双微球腔模式劈裂蒸气凝聚
点传感和温度熔接点传感。

    双微球耦合腔模式劈裂后的对称和反对称模式，由于两微球之间接触点位
置电磁场强度分布不同，因此在接触点停留的物质与光的相互作用不同，导致

了不同模式对物质的传感灵敏度不同，从而展现出独特的传感特性。两微球耦合后的接触点是一个特殊的光与物质作用点，使得我们在微纳尺度上研究微量液体的各种物理特性成为可能。在蒸气环境中，两微球之间的接触点位置会有挥发性有机物的毛细凝聚；在加热环境中，两高分子材料微球之间的接触点位置会有高分子材料的熔接凝聚。由于表面张力的作用，在两微球接触点位置，这两种情况都会形成规则的半月形凝聚物。

　　这种双微球耦合构型，是一个从纳米尺度观测光与物质相互作用的良好平台，可以实现对微纳尺度的多种物理过程的观测、传感灵敏度的增加，也为研究高分子材料表面分子流动性提供了一个有效的手段。

参考文献

[1] 周继明，江世明. 传感技术与应用 [M]. 长沙：中南大学出版社，2009.

[2] Vaiano P, Carotenuto B, Pisco M, et al. Lab on fiber technology for biological sensing applications [J]. Laser & Photonics Reviews, 2016, 10 (6)：922-961.

[3] Giallorenzi T G, Bucaro J A, Dandridge A, et al. Optical fiber sensor technology [J]. IEEE Transactions on Microwave Theory and Techniques, 1982, 30 (4) 4：72-511.

[4] Cusano A, Consales M, Crescitelli A, et al. Lab-on-fiber technology [M]. Springer International Publishing, 2015.

[5] Ricciardi A, Crescitelli A, Vaiano P, et al. Lab-on-fiber technology：A new vision for chemical and biological sensing [J]. Analyst, 2015, 140 (24)：8068-8079.

[6] Wang Q, Wang L. Lab-on-fiber：Plasmonic nano-arrays for sensing [J]. Nanoscale, 2020, 12 (14)：7485-7499.

[7] Li Z, Gu Y, Wang L, et al. Hybrid nanoimprint-soft lithography with sub-15nm resolution [J]. Nano Letters, 2009, 9 (6)：2306-2310.

[8] Akkaya O C, Akkaya O, Digonnet M J, et al. Modeling and demonstration of thermally stable high-sensitivity reproducible acoustic sensors [J]. Journal of Microelectromechanical Systems, 2012, 21 (6)：1347-1356.

[9] Oliveira R, Cardoso M, Rocha A M. Two-dimensional vector bending sensor based on Fabry-Pérot cavities in a multicore fiber [J]. OpticsExpress, 2022, 30 (2)：2230-2246.

[10] Dong Y, NanKuang C, Zhen T, et al. Temperature sensor based on multicore fiber supermode interference [J]. Laser & Optoelectronics Progress, 2021, 58 (7)：0706007.

[11] Bayindir M, Abouraddy A F, Arnold J, et al. Thermal sensing fiber devices by multimaterial codrawing [J]. Advanced Materials, 2006, 18 (7)：845-849.

[12] Sorin F, Shapira O, Abouraddy A F, et al. Exploiting collective effects of multiple optoelectronic devices integrated in a single fiber [J]. Nano Letters, 2009, 9 (7)：2630-2635.

[13] Chen Y H, Wu Y, Rao Y J, et al. Hybrid Mach-Zehnder interferometer and knot resonator based on silica microfibers [J]. Optics Communications, 2010, 283 (14)：2953-2956.

[14] Wang P, Zhang L, Xia Y, et al. Polymer nanofibers embedded with aligned gold nanorods：a new platform for plasmonic studies and optical sensing [J]. Nano Letters, 2012, 12 (6)：3145-3150.

[15] He X, Liu Z B, Wang D, et al. Passively mode-locked fiber laser based on reduced graphene oxide on microfiber for ultra-wide-band doublet pulse generation [J]. Journal of Lightwave Technology, 2012, 30 (7)：984-989.

[16] Yang J, Ghimire I, Wu P C, et al. Photonic crystal fiber metalens [J]. Nanophotonics, 2019, 8 (3)：443-449.

[17] Bayindir M, Sorin F, Abouraddy A F, et al. Metal-insulator-semiconductor optoelectronic fibres [J]. Nature, 2004, 431 (7010)：826-829.

[18] Yang X，Ileri N，Larson C C，et al. Nanopillar array on a fiber facet for highly sensitive surface-enhanced Raman scattering [J]. OpticsExpress，2012，20（22）：24819-24826.

[19] Consales M，Ricciardi A，Crescitelli A，et al. Lab-on-fiber technology：toward multifunctional optical nanoprobes [J]. ACSNano，2012，6（4）：3163-3170.

[20] Savinov V，Zheludev N I. High-quality metamaterial dispersive grating on the facet of an optical fiber [J]. Applied Physics Letters，2017，111（9）：091106.

[21] Zeng J，Liang D. Application of fiber optic surface plasmon resonance sensor for measuring liquid refractive index [J]. Journal of Intelligent Material Systems and Structures，2006，17（8-9）：787-791.

[22] Zhou T，Pang F，Wang T. High temperature sensor properties of a specialty double cladding fiber [C]. In 2011 Asia Communications and Photonics Conference and Exhibition（ACP）. IEEE，2011：1-6.

[23] Wang J，Zhang X，Yan M，et al. Embedded whispering-gallery mode microsphere resonator in a tapered hollow annular core fiber [J]. Photonics Research，2018，6（12）：1124-1129.

[24] Corres J M，Matias I R，Hernaez M，et al. Optical fiber humidity sensors using nanostructured coatings of SiO_2 nanoparticles [J]. IEEE Sensors Journal，2008，8（3）：281-285.

[25] Shambat G，Provine J，Rivoire K，et al. Optical fiber tips functionalized with semiconductor photonic crystal cavities [J]. Applied Physics Letters，2011，99（19）：191102.

[26] Reader-Harris P，Ricciardi A，Krauss T，et al. Optical guided mode resonance filter on a flexible substrate [J]. Optics Express，2013，21（1）：1002-1007.

[27] Jiang M，Li Q S，Wang J N，et al. Optical response of fiber-optic Fabry-Perot refractive-index tip sensor coated with polyelectrolyte multilayer ultra-thin films [J]. Journal of Lightwave Technology，2013，31（14）：2321-2326.

[28] Cao J，Tu M H，Sun T，et al. Wavelength-based localized surface plasmon resonance optical fiber biosensor [J]. Sensors and Actuators B：Chemical，2013，181：611-619.

[29] Chou H T，Liao Y S，Wu T M，et al. Development of localized surface plasmon resonance-based optical fiber biosensor for immunoassay using gold nanoparticles and graphene oxide nanocomposite film [J]. IEEE Sensors Journal，2022.

[30] Golden J P，Taitt C R，Shriver-Lake L C，et al. A portable automated multianalyte biosensor [J]. Talanta，2005，65（5）：1078-1085.

[31] Cabrini S，Liberale C，Cojoc D，et al. Axicon lens on optical fiber forming optical tweezers，made by focused ion beam milling [J]. Microelectronic Engineering，2006，83（4-9）：804-807.

[32] Zhang Y，Liu Z，Yang J，et al. A non-contact single optical fiber multi-optical tweezers probe：Design and fabrication [J]. Optics Communications，2012，285（20）：4068-4071.

[33] Liu Z，Sha C，Zhang Y，et al. Improved photopolymerization for fabricating fiber optical tweezers [J]. Optics Communications，2022，508：127801.

[34] Butler M A. Optical fiber hydrogen sensor [J]. Applied Physics Letters，1984，45（10）：1007-1009.

[35] Sutapun B，Tabib-Azar M，Kazemi A. Pd-coated elastooptic fiber optic Bragg grating sensors

for multiplexed hydrogen sensing [J]. Sensors and Actuators B: Chemical, 1999, 60 (1): 27-34.

[36] Villatoro J, Luna-Moreno D, Monzón-Hernández D. Optical fiber hydrogen sensor for concentrations below the lower explosive limit [J]. Sensors and Actuators B: Chemical, 2005, 110 (1): 23-27.

[37] Maciak E, Opilski Z. Hydrogen gas detection by means of a fiber optic interferometer sensor [C]. Journal de Physique IV (Proceedings). EDP Sciences, 2006, 137: 135-140.

[38] Edwards C, McKeown S J, Zhou J, et al. In situ measurements of the axial expansion of palladium microdisks during hydrogen exposure using diffraction phase microscopy [J]. Optical Materials Express, 2014, 4 (12): 2559-2564.

[39] Xiong C, Zhou J, Liao C, et al. Fiber-tip polymer microcantilever for fast and highly sensitive hydrogen measurement [J]. ACS Applied Materials & Interfaces, 2020, 12 (29): 33163-33172.

[40] Yermakov O, Schneidewind H, Hübner U, et al. Exceptionally high coupling of light into optical fibers via all-dielectric nanostructures [C]. CLEO: Science and Innovations Optical Society of America. 2021: SM1P. 4.

[41] Zeisberger M, Schneidewind H, Hübner U, et al. Plasmonic metalens-enhanced single-mode fibers: A pathway toward remote light focusing [J]. Advanced Photonics Research, 2021, 2 (11): 2100100.

[42] Yu J, Fu C, Bai Z, et al. Super-variable focusing vortex beam generators based on spiral zone plate etched on optical fiber facet [J]. Journal of Lightwave Technology, 2021, 39 (5): 1416-1422.

[43] Ghimire I, Yang J, Gurung S, et al. Polarization-dependent photonic crystal fiber optical filters enabled by asymmetric metasurfaces [J]. Nanophotonics, 2022.

[44] Liu F, Yang Q, Bian H, et al. Artificial compound eye-tipped optical fiber for wide field illumination [J]. Optics Letters, 2019, 44 (24): 5961-5964.

[45] Calafiore G, Koshelev A, Darlington T P, et al. Campanile near-field probes fabricated by nanoimprint lithography on the facet of an optical fiber [J]. ScientificReports, 2017, 7 (1): 1-7.

[46] Petersen C R, Lotz M B, Markos C, et al. Thermo-mechanical dynamics of nanoimprinting anti-reflective structures onto small-core mid-IR chalcogenide fibers [J]. Chinese Optics Letters, 2021, 19 (3): 030603.

[47] Power M, Thompson A J, Anastasova S, et al. A monolithic force-sensitive 3D microgripper fabricated on the tip of an optical fiber using 2-photon polymerization [J]. Small, 2018, 14 (16): 1703964.

[48] Vanmol K, Tuccio S, Panapakkam V, et al. Two-photon direct laser writing of beam expansion tapers on single-mode optical fibers [J]. Optics & Laser Technology, 2019, 112: 292-298.

[49] Yu J, Wang Y P, Yang W, et al. All-fiber focused beam generator integrated on an optical fiber tip [J]. Applied Physics Letters, 2020, 116 (24): 241102.

［50］ Glöckler F, Hausladen F, Alekseenko I, et al. Two-photon-polymerization enabled and enhanced multi-channel fibre switch ［J］. Engineering Research Express, 2021, 3 (4): 045016.

［51］ Hadibrata W, Wei H, Krishnaswamy S, et al. Inverse design and 3D printing of a metalens on an optical fiber tip for direct laser lithography ［J］. Nano Letters, 2021, 21 (6): 2422-2428.

［52］ Mantei W G, Stender B, Wiedenmann J, et al. Needle-shaped lensless holographic endoscopes realized with TPP ［C］. Optical Fibers and Sensors for Medical Diagnostics, Treatment and Environmental Applications XXII. SPIE, 2022.

［53］ Scheerlinck S, Dubruel P, Bienstman P, et al. Metal grating patterning on fiber facets by UV-based nano imprint and transfer lithography using optical alignment ［J］. Journal of Lightwave Technology, 2009, 27 (10): 1415-1420.

［54］ Pisco M, Quero G, Iadicicco A, et al. Lab on fiber using self assembly technique: A preliminary study ［C］. OFS2012 22nd International Conference on Optical Fiber Sensors. SPIE, 2012, 8421: 1280-1283.

［55］ Pisco M, Quero G, Iadicicco A, et al. Lab on fiber by using the breath figure technique ［M］. Lab-on-Fiber Technology. Springer, Cham, 2015: 233-250.

［56］ Shi L, Zhu T, Huang D, et al. In-fiber whispering-gallery-mode resonator fabricated by femtosecond laser micromachining ［J］. Optics Letters, 2015, 40 (16): 3770-3773.

［57］ Meng L, Shang L, Feng S, et al. Fabrication of a three-dimensional (3D) SERS fiber probe and application of in situ detection ［J］. Optics Express, 2022, 30 (2): 2353-2363.

［58］ Gomaa M, Salah A, Abdel Fattah G. Utilizing dip-coated graphene/nanogold to enhance SPR-based fiber optic sensor ［J］. Applied Physics A, 2022, 128 (1): 1-12.

［59］ Rayleigh L. CXII. The problem of the whispering gallery ［J］. The London, Edinburgh, and Dublin Philosophical Magazine and Journal of Science, 1910, 20 (120): 1001-1004.

［60］ Strutt J W. On the propagation of waves through a stratified medium, with special reference to the question of reflection ［J］. Proceedings of the Royal Society of London. Series A, Containing Papers of a Mathematical and Physical Character, 1912, 86 (586): 207-226.

［61］ Richtmyer R D. Dielectric resonators ［J］. Journal of Applied Physics, 1939, 10 (6): 391-398.

［62］ Garrett C G B, Kaiser W, Bond W L. Stimulated emission into optical whispering modes of spheres ［J］. Physical Review, 1961, 124 (6): 1807.

［63］ Tapalian H C, Laine J P, Lane P A. Thermooptical switches using coated microsphere resonators ［J］. IEEE Photonics Technology Letters, 2002, 14 (8): 1118-1120.

［64］ Chao C Y, Guo L J. Biochemical sensors based on polymer microrings with sharp asymmetrical resonance ［J］. Applied Physics Letters, 2003, 83 (8): 1527-1529.

［65］ Huang Y, Peng S, Xu Q, et al. Fabrication of high Q microtoroid cavity on a silicon wafer by wet etching ［C］. 13th International Photonics and OptoElectronics Meetings (POEM 2021). SPIE, 2022, 12154: 95-103.

［66］ Tamboli A C, Haberer E D, Sharma R, et al. Room-temperature continuous-wave lasing in GaN/InGaN microdisks ［J］. NaturePhotonics, 2007, 1 (1): 61-64.

［67］ Armani D, Min B, Martin A, et al. Electrical thermo-optic tuning of ultrahigh-Q microtoroid resonators [J]. Applied Physics Letters, 2004, 85 (22): 5439-5441.

[68] Duong Ta V, Chen R, Ma L, et al. Whispering gallery mode microlasers and refractive index sensing based on single polymer fiber [J]. Laser & Photonics Reviews, 2013, 7 (1): 133-139.

[69] Yoshida Y, Nishimura T, Fujii A, et al. Dual ring laser emission of conducting polymers in microcapillary structures [J]. Applied Physics Letters, 2005, 86 (14): 141903.

[70] Zhang X, Liu L, Xu L. Ultralow sensing limit in optofluidic micro-bottle resonator biosensor by self-referenced differential-mode detection scheme [J]. Applied Physics Letters, 2014, 104 (3): 033703.

[71] Cosci A, Quercioli F, Farnesi D, et al. Confocal reflectance microscopy for determination of microbubble resonator thickness [J]. Optics Express, 2015, 23 (13): 16693-16701.

[72] Berneschi S, Farnesi D, Cosi F, et al. High Q silica microbubble resonators fabricated by arc discharge [J]. Optics Letters, 2011, 36 (17): 3521-3523.

[73] Ta V D, Chen R, Sun H D. Self-assembled flexible microlasers [J]. Advanced Materials, 2012, 24 (10): OP60-OP64.

[74] Haase J, Shinohara S, Mundra P, et al. Hemispherical resonators with embedded nanocrystal quantum rod emitters [J]. Applied Physics Letters, 2010, 97 (21): 211101.

[75] Yang S, Wang Y, Sun H. Advances and prospects for whispering gallery mode microcavities [J]. Advanced Optical Materials, 2015, 3 (9): 1136-1162.

[76] Zhang Z, Yao N, Pan J, et al. A new route for fabricating polymer optical microcavities [J]. Nanoscale, 2019, 11 (12): 5203-5208.

[77] Wang M, Meng L, Jin X, et al. Selective excitation of whispering-gallery modes and Fano resonance in a high-Q micro-capillary resonator with cleaned-up spectrum [J]. Applied Physics Express, 2019, 12 (6): 062003.

[78] Guo Z, Lu Q, Zhu C, et al. Ultra-sensitive biomolecular detection by external referencing optofluidic microbubble resonators [J]. Optics Express, 2019, 27 (9): 12424-12435.

[79] Zheng Y, Fang Z, Liu S, et al. High-Q exterior whispering-gallery modes in a double-layer crystalline microdisk resonator [J]. Physical Review Letters, 2019, 122 (25): 253902.

[80] Geints Y E, Minin I V, Minin O V. Concept of miniature optical pressure sensor based on coupled WGMs in a dielectric microsphere [J]. arXiv preprint arXiv, 2021, 2106: 09477.

[81] Qin C, Alù A, Wong Z J. Pseudospin-orbit coupling for chiral light routings in gauge-flux-biased coupled microring resonators [J]. ACS Photonics, 2022.

[82] Wang Z, Zhang X, Zhang Q, et al. Monitoring and identifying pendant droplets in microbottle resonators [J]. Photonics Research, 2022, 10 (3): 662-667.

[83] Eryürek M, Tasdemir Z, Karadag Y, et al. Integrated humidity sensor based on SU-8 polymer microdisk microresonator [J]. Sensors and Actuators B: Chemical, 2017, 242: 1115-1120.

[84] Liu Y, Zhang H, Fan M, et al. Bidirectional tuning of whispering gallery modes in a silica microbubble infiltrated with magnetic fluids [J]. Applied Optics, 2020, 59 (1): 1-8.

[85] Nasir M N M, Murugan G S, Zervas M N. Whispering gallery mode resonance excitations on a partially gold coated bottle microresonator [C]. Journal of Physics: Conference Series. IOP

Publishing, 2021, 2075 (1): 012019.

[86] Jali M H, Rahim H R A, Johari M A M, et al. Integrating microsphere resonator and ZnO nanorods coated glass for humidity sensing application [J]. Optics & Laser Technology, 2021, 143: 107356.

[87] Lu X, McClung A, Srinivasan K. High-Q slow light and its localization in a photonic crystal microring [J]. Nature Photonics 16. 1 (2022): 66-71.

[88] Li Q, Rao H, Ma X, et al. Unusualred light emission from nonmetallic Cu_2Te microdisk for laser and SERS applications [J]. Advanced Optical Materials, 2022, 10 (1): 2101976.

[89] Pirnat G, Humar M. Whispering gallery-mode microdroplet tensiometry [J]. Advanced Photonics Research, 2021, 2 (11): 2100129.

[90] Zhao X, Li S, He W, et al. Exciting hybrid optical modes with fano lineshapes in core-shell $CsPbBr_3$ microspheres for optical sensing [J]. The Journal of Physical Chemistry C, 2022, 126 (6): 3109-3117.

[91] Park J, Ozdemir S K, Monifi F, et al. Titanium dioxide whispering gallery microcavities [J]. Advanced Optical Materials, 2014, 2 (8): 711-717.

[92] Foster M A, Levy J S, Kuzucu O, et al. Silicon-based monolithic optical frequency comb source [J]. Optics Express, 2011, 19 (15): 14233-14239.

[93] Lu X, Lee J Y, Feng P X L, et al. High Q silicon carbide microdisk resonator [J]. Applied Physics Letters, 2014, 104 (18): 181103.

[94] Vukovic N, Healy N, Suhailin F H, et al. Ultrafast optical control using the Kerr nonlinearity in hydrogenated amorphous silicon microcylindrical resonators [J]. Scientific Reports, 2013, 3 (1): 1-5.

[95] Beck T, Hauser M, Grossmann T, et al. PMMA-micro goblet resonators for biosensing applications [C]. Frontiers in Biological Detection: From Nanosensors to Systems III. International Society for Optics and Photonics, 2011, 7888: 78880A.

[96] Madugani R, Yang Y, Ward J M, et al. Terahertz tuning of whispering gallery modes in a PDMS stand-alone, stretchable microsphere [J]. OpticsLetters, 2012, 37 (22): 4762-4764.

[97] Alnis J, Schliesser A, Wang C Y, et al. Thermal-noise-limited crystalline whispering-gallery-mode resonator for laser stabilization [J]. Physical Review A, 2011, 84 (1): 011804.

[98] Zeltner R, Sedlmeir F, Leuchs G, et al. Crystalline MgF_2 whispering gallery mode resonators for enhanced bulk index sensitivity [J]. The European Physical Journal Special Topics, 2014, 223 (10): 1989-1994.

[99] Yu L, Fernicola V. Spherical-sapphire-based whispering gallery mode resonator thermometer [J]. Review of Scientific Instruments, 2012, 83 (9): 094903.

[100] Murib M S, Yeap W S, Martens D, et al. Photonic detection and characterization of DNA using sapphire microspheres [J]. Journal of Biomedical Optics, 2014, 19 (9): 097006.

[101] Avino S, Krause A, Zullo R, et al. Direct sensing in liquids using whispering-gallery-mode droplet resonators [J]. Advanced Optical Materials, 2014, 2 (12): 1155-1159.

[102] Foreman M R, Avino S, Zullo R, et al. Enhanced nanoparticle detection with liquid droplet

resonators [J]. The European Physical Journal Special Topics, 2014, 223 (10): 1971-1988.

[103] Matsko A B, Ilchenko V S. Optical resonators with whispering-gallery modes-part I: Basics [J]. IEEE Journal of Selected Topics in Quantum Electronics, 2006, 12 (1): 3-14.

[104] Vollmer F, Yang L. Review label-free detection with high-Q microcavities: A review of bio-sensing mechanisms for integrated devices [J]. Nanophotonics, 2012, 1 (3-4): 267-291.

[105] Feng S, Lei T, Chen H, et al. Silicon photonics: From a microresonator perspective [J]. Laser & Photonics Reviews, 2012, 6 (2): 145-177.

[106] Tewary A, Digonnet M J, Sung J Y, et al. Silicon-nanocrystal-coated silica microsphere ther-mooptical switch [J]. IEEE Journal of Selected Topics in Quantum Electronics, 2006, 12 (6): 1476-1479.

[107] An K, Childs J J, Dasari R R, et al. Microlaser: A laser with one atom in an optical resonator [J]. Physical Review Letters, 1994, 73 (25): 3375.

[108] Bergstedt R, Fink C G, Flint G W, et al. Microlaser-based displays [C]. Cockpit Displays IV: Flat Panel Displays for Defense Applications. SPIE, 1997, 3057: 362-367.

[109] Jewell J L, Lee Y H, Scherer A, et al. Surface-emitting microlasers for photonic switching and interchip connections [J]. Optical Engineering, 1990, 29 (3): 210-214.

[110] Ta, V. D, Chen R, Nguyen D M, et al. Application of self-assembled hemispherical microla-sers as gas sensors [J]. Applied Physics Letters, 2013, 102 (3): 031107.

[111] Wang Y, Ta V D, Gao Y, et al. Stimulated emission and lasing from CdSe/CdS/ZnS core-multi-shell quantum dots by simultaneous three-photon absorption [J]. Advanced Materials, 2014, 26 (18): 2954-2961.

[112] Christopoulos S, Von Högersthal G B H, Grundy A J D, et al. Room-temperature polariton lasing in semiconductor microcavities [J]. Physical Review Letters, 2007, 98 (12): 126405.

[113] Grover R, Ibrahim T A, Kuo L C, et al. Ultracompact single-mode GaInAsP-InP microrace-track resonators [C]. Integrated Photonics Research. Optical Society of America, 2003: ITuE5.

[114] Lee W, Li H, Suter J D, et al. Tunable single mode lasing from an on-chip optofluidic ring resonator laser [J]. Applied Physics Letters, 2011, 98 (6): 061103.

[115] Chen R, Ta V D, Sun H. Bending-induced bidirectional tuning of whispering gallery mode las-ing from flexible polymer fibers [J]. Acs Photonics, 2014, 1 (1): 11-16.

[116] Tang S K Y, Derda R, Quan Q, et al. Continuously tunable microdroplet-laser in a microflu-idic channel [J]. Optics Express, 2011, 19 (3): 2204-2215.

[117] Humar M, Ravnik M, Pajk S, et al. Electrically tunable liquid crystal optical microresonators [J]. Nature Photonics, 2009, 3 (10): 595-600.

[118] Ta V D, Chen R, Sun H D. Tuning whispering gallery mode lasing from self-assembled poly-mer droplets [J]. Scientific Reports, 2013, 3 (1): 1-5.

[119] Albert F, Braun T, Heindel T, et al. Whispering gallery mode lasing in electrically driven quantum dot micropillars [J]. Applied Physics Letters, 2010, 97 (10): 101108.

[120] Ilchenko V S, Matsko A B. Optical resonators with whispering-gallery modes-part II: Applica-

tions [J]. IEEE Journal of Selected Topics in Quantum Electronics, 2006, 12 (1): 15-32.

[121] Yalcin A, Popat K C, Aldridge J C, et al. Optical sensing of biomolecules using microring resonators [J]. IEEE Journal of Selected Topics in Quantum Electronics, 2006, 12 (1): 148-155.

[122] Chu S T, Little B E, Pan W, et al. An eight-channel add-drop filter using vertically coupled microring resonators over a cross grid [J]. IEEE Photonics Technology Letters, 1999, 11 (6): 691-693.

[123] Gather M C, Yun S H. Single-cell biological lasers [J]. Nature Photonics, 2011, 5 (7): 406-410.

[124] Sun Y, Shopova S I, Wu C S, et al. Bioinspired optofluidic FRET lasers via DNA scaffolds [J]. Proceedings of the National Academy of Sciences, 2010, 107 (37): 16039-16042.

[125] Lee W, Fan X. Intracavity DNA melting analysis with optofluidic lasers [J]. Analytical Chemistry, 2012, 84 (21): 9558-9563.

[126] Chen Q, Zhang X, Sun Y, et al. Highly sensitive fluorescent protein FRET detection using optofluidic lasers [J]. Lab on a Chip, 2013, 13 (14): 2679-2681.

[127] Polson R C, Vardeny Z V. Random lasing in human tissues [J]. Applied Physics Letters, 2004, 85 (7): 1289-1291.

[128] Song Q, Xiao S, Xu Z, et al. Random lasing in bone tissue [J]. Optics Letters, 2010, 35 (9): 1425-1427.

[129] White I M, Oveys H, Fan X, et al. Integrated multiplexed biosensors based on liquid core optical ring resonators and antiresonant reflecting optical waveguides [J]. Applied Physics Letters, 2006, 89 (19): 191106.

[130] Laine J P, Tapalian C, Little B, et al. Acceleration sensor basedon high-Q optical microsphere resonator and pedestal antiresonant reflecting waveguide coupler [J]. Sensors and Actuators A: Physical, 2001, 93 (1): 1-7.

[131] Little B E, Laine J P, Lim D R, et al. Pedestal antiresonant reflecting waveguides for robust coupling to microsphere resonators and for microphotonic circuits [J]. OpticsLetters, 2000, 25 (1): 73-75.

[132] Wang J, Zhan T, Huang G, et al. Optical microcavities with tubular geometry: properties and applications [J]. Laser & Photonics Reviews, 2014, 8 (4): 521-547.

[133] Fang H H, Ding R, Lu S Y, et al. Whispering-gallery mode lasing from patterned molecular single-crystalline microcavity array [J]. Laser & Photonics Reviews, 2013, 7 (2): 281-288.

[134] Zhang C, Yan Y, Zhao Y S, et al. From molecular design and materials construction to organic nanophotonic devices [J]. Accounts of Chemical Research, 2014, 47 (12): 3448-3458.

[135] Suter J D, Lee W, Howard D J, et al. Demonstration of the coupling of optofluidic ring resonator lasers with liquid waveguides [J]. OpticsLetters, 2010, 35 (17): 2997-2999.

[136] Yan D, Shi T, Zang Z, et al. Stable and low-threshold whispering-gallery-mode lasing from modified $CsPbBr_3$ perovskite quantum dots@ SiO_2 sphere [J]. Chemical Engineering Journal, 2020, 401: 126066.

[137] Li J, Lu Y, Cao L, et al. Continuously tunable fiber laser based on Fano resonance filter of thin-fiber-taper-coupled conical microresonator [J]. Optics Communications, 2020, 466: 125629.

[138] Guo Z, Qin Y, Chen P, et al. Hyperboloid-Drum microdisk laser biosensors for ultrasensitive detection of human IgG [J]. Small, 2020, 16 (26): 2000239.

[139] Feng Y, Zheng Y, Zhang F, et al. Passive fine-tuning of microcavity whispering gallery mode for nonlinear optics by thermo-optical effect [J]. Applied Physics Letters, 2019, 114 (10): 101103.

[140] Zheng Y, Wu Z, Shum P P, et al. Sensing and lasing applications of whispering gallery mode microresonators [J]. Opto-Electronic Advances, 2018, 1 (9): 180015-1-180015-10.

[141] Xu X, Chen W, Zhao G, et al. Wireless whispering-gallery-mode sensor for thermal sensing and aerial mapping [J]. Light: Science & Applications, 2018, 7 (1): 1-6.

[142] Zhang Y N, Zhu N, Zhou T, et al. Research on fabrication and sensing properties of fiber-coupled whispering gallery mode microsphere resonator [J]. IEEE Sensors Journal, 2019, 20 (2): 833-841.

[143] Zhang Y, Zhu N, Gao P, et al. Magnetic field sensor based on ring WGM resonator infiltrated with magnetic fluid [J]. Journal of Magnetism and Magnetic Materials, 2020, 493: 165701.

[144] Yan J, Wang D N, Ge Y, et al. A humidity sensor based on a whispering-gallery-mode resonator with an L-shaped open microcavity [J]. Journal of Lightwave Technology, 2022, 40 (8): 2651-2656.

[145] Wang Z, Liu Y, Wang H, et al. Ultra-sensitive DNAzyme-based optofluidic biosensor with liquid crystal-Au nanoparticle hybrid amplification for molecular detection [J]. Sensors and Actuators B: Chemical, 2022, 359: 131608.

[146] Li C, Lohrey T, Nguyen P D, et al. Part-per-trillion trace selective gas detection using frequency locked whispering gallery mode microtoroids [J]. 2022.

[147] Hill M T, Dorren H J S, De Vries T, et al. A fast low-power optical memory based on coupled micro-ring lasers [J]. Nature, 2004, 432 (7014): 206-209.

[148] Hodaei H, Miri M A, Heinrich M, et al. Parity-time-symmetric microring lasers [J]. Science, 2014, 346 (6212): 975-978.

[149] Peng B, Özdemir Ş K, Lei F, et al. Parity-time-symmetric whispering-gallery microcavities [J]. Nature Physics, 2014, 10 (5): 394-398.

[150] Chang L, Jiang X, Hua S, et al. Parity-time symmetry and variable optical isolation in active-passive-coupled microresonators [J]. Nature Photonics, 2014, 8 (7): 524-529.

[151] Finlayson C E, Sazio P J A, Sanchez-Martin R, et al. Whispering gallery mode emission at telecommunications-window wavelengths using PbSe nanocrystals attached to photonic beads [J]. Semiconductor Science and Technology, 2006, 21 (3): L21.

[152] Li P B, Gao S Y, Li F L. Quantum-information transfer with nitrogen-vacancy centers coupled to a whispering-gallery microresonator [J]. Physical Review A, 2011, 83 (5): 054306.

[153] Kiraz A, Michler P, Becher C, et al. Cavity-quantum electrodynamics using a single InAs

quantum dot in a microdisk structure [J]. Applied Physics Letters, 2001, 78 (25): 3932-3934.

[154] Fomin A E, Gorodetsky M L, Grudinin I S, et al. Nonstationary nonlinear effects in optical microspheres [J]. JOSA B, 2005, 22 (2): 459-465.

[155] Min B, Ostby E, Sorger V, et al. High-Q surface-plasmon-polariton whispering-gallery microcavity [J]. Nature, 2009, 457 (7228): 455-458.

[156] Xiao Y F, Zou C L, Li B B, et al. High-Q exterior whispering-gallery modes in a metal-coated microresonator [J]. Physical Review Letters, 2010, 105 (15): 153902.

[157] Ditlbacher H, Hohenau A, Wagner D, et al. Silver nanowires as surface plasmon resonators [J]. Physical Review Letters, 2005, 95 (25): 257403.

[158] Bozhevolnyi S I, Volkov V S, Devaux E, et al. Channel plasmon subwavelength waveguide components including interferometers and ring resonators [J]. Nature, 2006, 440 (7083): 508-511.

[159] Vesseur E J R, De Waele R, Lezec H J, et al. Surface plasmon polariton modes in a single-crystal Au nanoresonator fabricated using focused-ion-beam milling [J]. Applied Physics Letters, 2008, 92 (8): 083110.

[160] Weeber J C, Bouhelier A, Colas des Francs G, et al. Submicrometer in-plane integrated surface plasmon cavities [J]. Nano Letters, 2007, 7 (5): 1352-1359.

[161] Wang Q J, Yan C, Yu N, et al. Whispering-gallery mode resonators for highly unidirectional laser action [J]. Proceedings of the National Academy of Sciences, 2010, 107 (52): 22407-22412.

[162] Nöckel J U, Stone A D. Ray and wave chaos in asymmetric resonant optical cavities [J]. Nature, 1997, 385 (6611): 45-47.

[163] Jiang X F, Xiao Y F, Zou C L, et al. Highly unidirectional emission and ultralow-threshold lasing from on-chip ultrahigh-Q microcavities [J]. Advanced Materials, 2012, 24 (35): OP260-OP264.

[164] Yupapin P P, Suwancharoen W. Chaotic signal generation and cancellation using a micro ring resonator incorporating an optical add/drop multiplexer [J]. Optics Communications, 2007, 280 (2): 343-350.

[165] Luo L, Tee T J, Chu P L. Chaotic behavior in erbium-doped fiber-ring lasers [J]. JOSA B, 1998, 15 (3): 972-978.

[166] Zhou Y, Zhu D, Yu X, et al. Fano resonances in metallic grating coupled whispering gallery mode resonator [J]. Applied Physics Letters, 2013, 103 (15): 151108.

[167] Zhou Y, Luan F, Gu B, et al. Controlled excitation of higher radial order whispering gallery modes with metallic diffraction grating [J]. Optics Express, 2015, 23 (4): 4991-4996.

[168] François A, Reynolds T, Monro T M. A fiber-tip label-free biological sensing platform: A practical approach toward in-vivo sensing [J]. Sensors, 2015, 15 (1): 1168-1181.

[169] Wu J, Liu B, Zhang H, et al. WGM micro-fluidic-channel based on reflection type fiber-tip-coupled hollow-core PCFs [J]. IEEE Photonics Technology Letters, 2016, 28 (22):

2565-2568.

[170] Markiewicz K, Wasylczyk P. Photonic-chip-on-tip: compound photonic devices fabricated on optical fibers [J]. Optics Express, 2019, 27 (6): 8440-8445.

[171] Zhang S, Tang S J, Feng S, et al. High-Q polymer microcavities integrated on a multicore fiber facet for vapor sensing [J]. Advanced Optical Materials, 2019, 7 (20): 1900602.

[172] Liu Q, Zhan Y, Zhang S, et al. "Optical tentacle" of suspended polymer micro-rings on a multicore fiber facet for vapor sensing [J]. Optics Express, 2020, 28 (8): 11730-11741.

[173] Li J, Wang D N, Yan J, et al. A reflective whispering gallery mode microsphere resonator in single-mode fiber [J]. IEEE Photonics Technology Letters, 2021, 34 (1): 31-34.

[174] Sak M, Taghipour N, Delikanli S, et al. Coreless fiber-based whispering-gallery-mode assisted lasing from colloidal quantum well solids [J]. Advanced Functional Materials, 2020, 30 (1): 1907417.

[175] Ince R, Narayanaswamy R. Analysis of the performance of interferometry, surface plasmon resonance and luminescence as biosensors and chemosensors [J]. Analytica Chimica Acta, 2006, 569 (1-2): 1-20.

[176] Homola J, Yee S S, Gauglitz G. Surface plasmon resonance sensors [J]. Sensors and Actuators B: Chemical, 1999, 54 (1-2): 3-15.

[177] Homola J. Surface plasmon resonance sensors for detection of chemical and biological species [J]. Chemical Reviews, 2008, 108 (2): 462-493.

[178] Mayer K M, Hafner J H. Localized surface plasmon resonance sensors [J]. Chemical Reviews, 2011, 111 (6): 3828-3857.

[179] Luff B J, Wilkinson J S, Piehler J, et al. Integrated optical mach-zehnder biosensor [J]. Journal of Lightwave Technology, 1998, 16 (4): 583.

[180] Prieto F, Sepúlveda B, Calle A, et al. An integrated optical interferometric nanodevice based on silicon technology for biosensor applications [J]. Nanotechnology, 2003, 14 (8): 907.

[181] Prieto F, Sepúlveda B, Calle A, et al. Integrated Mach-Zehnder interferometer based on AR-ROW structures for biosensor applications [J]. Sensors and Actuators B: Chemical, 2003, 92 (1-2): 151-158.

[182] Cross G H, Reeves A A, Brand S, et al. A new quantitative optical biosensor for protein characterisation [J]. Biosensors and Bioelectronics, 2003, 19 (4): 383-390.

[183] Crespi A, Gu Y, Ngamsom B, et al. Three-dimensional Mach-Zehnder interferometer in a microfluidic chip for spatially-resolved label-free detection [J]. Lab on a Chip, 2010, 10 (9): 1167-1173.

[184] Mathesz A, Valkai S, Újvárosy A, et al. Integrated optical biosensor for rapid detection of bacteria [J]. Optofluidics, Microfluidics and Nanofluidics, 2015, 2 (1): 15-21.

[185] Barrios C A, Banuls M J, Gonzalez-Pedro V, et al. Label-free optical biosensing with slot-waveguides [J]. Optics Letters, 2008, 33 (7): 708-710.

[186] Ksendzov A, Lin Y. Integrated optics ring-resonator sensors for protein detection [J]. Optics Letters, 2005, 30 (24): 3344-3346.

[187] Vörös J, Ramsden J J, Csucs G, et al. Optical grating coupler biosensors [J]. Biomaterials, 2002, 23 (17): 3699-3710.

[188] Wiki M, Kunz R E. Wavelength-interrogated optical sensor for biochemical applications [J]. Optics Letters, 2000, 25 (7): 463-465.

[189] Scullion M G, Di Falco A, Krauss T F. Slotted photonic crystal cavities with integrated microfluidics for biosensing applications [J]. Biosensors and Bioelectronics, 2011, 27 (1): 101-105.

[190] Righini G C, Dumeige Y, Feron P, et al. Whispering gallery mode microresonators: Fundamentals and applications [J]. La Rivista del Nuovo Cimento, 2011, 34 (7): 435-488.

[191] Gagliardi G, Loock H-P. Cavity-enhanced spectroscopy and sensing [M]. Berlin: Springer, 2014, 179.

[192] Oraevsky A N. Whispering-gallery waves [J]. Quantum Electronics, 2002, 32 (5): 377.

[193] Lam C C, Leung P T, Young K. Explicit asymptotic formulas for the positions, widths, and strengths of resonances in Mie scattering [J]. JOSA B, 1992, 9 (9): 1585-1592.

[194] Smythe E J, Dickey M D, Bao J, et al. Optical antenna arrays on a fiber facet for in situ surface-enhanced Raman scattering detection [J]. Nano Letters, 2009, 9 (3): 1132-1138.

[195] Rosenblit M, Horak P, Helsby S, et al. Single-atom detection using whispering gallery modes of microdisk resonators [J]. Physical Review A, 2004, 70 (5): 469-469.

[196] Gorodetsky M L, Ilchenko V S. Optical microsphere resonators: Optimal coupling to high-Q whispering-gallery modes [J]. JOSA B, 1999, 16 (1): 147-154.

[197] Gorodetsky M L, Pryamikov A D, Ilchenko V S. Rayleigh scattering in high-Q microspheres [J]. JOSA B, 2000, 17 (6): 1051-1057.

[198] Choi H S, Ismail S, Armani A M. Studying polymer thin films with hybrid optical microcavities [J]. OpticsLetters, 2011, 36 (11): 2152-2154.

[199] Little B E, Laine J P, Haus H A. Analytic theory of coupling from tapered fibers and half-blocks into microsphere resonators [J]. Journal of Lightwave Technology, 1999, 17 (4): 704.

[200] Spillane S M, Kippenberg T J, Vahala K J, et al. Ultrahigh-Q toroidal microresonators for cavity quantum electrodynamics [J]. Physical Review A, 2005, 71 (1): 013817.

[201] Panitchob Y, Murugan G S, Zervas M N, et al. Whispering gallery mode spectra of channel waveguide coupled microspheres [J]. Optics Express, 2008, 16 (15): 11066-11076.

[202] Chin M K, Youtsey C, Zhao W, et al. GaAs microcavity channel-dropping filter based on a race-track resonator [J]. IEEE Photonics Technology Letters, 1999, 11 (12): 1620-1622.

[203] Zhi Y, Yu X C, Gong Q, et al. Single nanoparticle detection using optical microcavities [J]. Advanced Materials, 2017, 29 (12): 1604920.

[204] Shen B Q, Yu X C, Zhi Y, et al. Detection of single nanoparticles using the dissipative interaction in a high-Q microcavity [J]. Physical Review Applied, 2016, 5 (2): 024011.

[205] Mazzei A, Götzinger S, Menezes L S, et al. Controlled coupling of counterpropagating whispering-gallery modes by a single Rayleigh scatterer: a classical problem in a quantum optical light

[J]. Physical Review Letters, 2007, 99 (17): 173603.

[206] Menezes L S, Goetzinger S, Mazzei A, et al. Nanoparticles and microspheres: Tools to study the interaction of quantum emitters via shared optical modes [C]. Laser Resonators and Beam Control Ⅶ. SPIE, 2004, 5333: 174-182.

[207] Xu Y, Tang S J, Yu X C, et al. Mode splitting induced by an arbitrarily shaped Rayleigh scatterer in a whispering-gallery microcavity [J]. Physical Review A, 2018, 97 (6): 063828.

[208] Zhu J, Özdemir Ş K, He L, et al. Single virus and nanoparticle size spectrometry by whispering-gallery-mode microcavities [J]. OpticsExpress, 2011, 19 (17): 16195-16206.

[209] Shao L, Jiang X F, Yu X C, et al. Detection of single nanoparticles and lentiviruses using microcavity resonance broadening [J]. Advanced Materials, 2013, 25 (39): 5616-5620.

[210] Jenkins R, Manne R, Robin R, et al. Nomenclature, symbols, units and their usage in spectrochemical analysis-Ⅷ. Nomenclature system for X-ray spectroscopy (Recommendations 1991) [J]. Pure and Applied Chemistry, 1991, 63 (5): 735-746.

[211] Urbonas D, Balčytis A, Vaškevičius K, et al. Air and dielectric bands photonic crystal microringresonator for refractive index sensing [J]. Optics Letters, 2016, 41 (15): 3655-3658.

[212] White I M, Fan X. On the performance quantification of resonant refractive index sensors [J]. Optics Express, 2008, 16 (2): 1020-1028.

[213] Yoshie T, Tang L, Su S Y. Optical microcavity: Sensing down to single molecules and atoms [J]. Sensors, 2011, 11 (2): 1972-1991.

[214] Yao B, Yu C, Wu Y, et al. Graphene-enhanced Brillouin optomechanical microresonator for ultrasensitive gas detection [J]. Nano Letters, 2017, 17 (8): 4996-5002.

[215] Passaro V, Dell'Olio F, De Leonardis F. Ammonia optical sensing by microring resonators [J]. Sensors, 2007, 7 (11): 2741-2749.

[216] Sun Y, Liu J, Frye-Mason G, et al. Optofluidic ring resonator sensors for rapid DNT vapor detection [J]. Analyst, 2009, 134 (7): 1386-1391.

[217] Pang F, Han X, Chu F, et al. Sensitivity to alcohols of a planar waveguide ring resonator fabricated by a sol-gel method [J]. Sensors and Actuators B: Chemical, 2007, 120 (2): 610-614.

[218] Yebo N A, Lommens P, Hens Z, et al. An integrated optic ethanol vapor sensor based on a silicon-on-insulator microring resonator coated with a porous ZnO film [J]. Optics Express, 2010, 18 (11): 11859-11866.

[219] Ksendzov A, Homer M L, Manfreda A M. Integrated optics ring-resonator chemical sensor with polymer transduction layer [J]. Electronics Letters, 2004, 40 (1): 63-65.

[220] Shopova S I, White I M, Sun Y, et al. On-column micro gas chromatography detection with capillary-based optical ring resonators [J]. Analytical Chemistry, 2008, 80 (6): 2232-2238.

[221] Gregor M, Pyrlik C, Henze R, et al. An alignment-free fiber-coupled microsphere resonator for gas sensing applications [J]. Applied Physics Letters, 2010, 96 (23): 231102.

[222] Jia P, Yang J. Integration of large-area metallic nanohole arrays with multimode optical fibers for surface plasmon resonance sensing [J]. Applied Physics Letters, 2013, 102

(24): 243107.

[223] Han M, Wang A. Temperature compensation of optical microresonators using a surface layer with negative thermo-optic coefficient [J]. OpticsLetters, 2007, 32 (13): 1800-1802.

[224] Teng J, Dumon P, Bogaerts W, et al. Athermal Silicon-on-insulator ring resonators by overlaying a polymer cladding on narrowed waveguides [J]. OpticsExpress, 2009, 17 (17): 14627-14633.

[225] He L, Xiao Y F, Dong C, et al. Compensation of thermal refraction effect in high-Q toroidal microresonator by polydimethylsiloxane coating [J]. Applied physics letters, 2008, 93 (20): 201102.

[226] Knight J C, Cheung G, Jacques F, et al. Phase-matched excitation of whispering-gallery-mode resonances by a fiber taper [J]. OpticsLetters, 1997, 22 (15): 1129-1131.

[227] Rowland D R, Love J D. Evanescent wave coupling of whispering gallery modes of a dielectric cylinder [J]. IEE Proceedings J-Optoelectronics, 1993, 140 (3): 177-188.

[228] Mazzei A, Götzinger S, Menezes L S, et al. Optimization of prism coupling to high-Q modes in a microsphere resonator using a near-field probe [J]. Optics Communications, 2005, 250 (4-6): 428-433.

[229] Gorodetsky M L, Ilchenko V S. High-Q optical whispering-gallery microresonators: precession approach for spherical mode analysis and emission patterns with prism couplers [J]. Optics Communications, 1994, 113 (1-3): 133-143.

[230] Braginsky V B, Gorodetsky M L, Ilchenko V S. Quality-factor and nonlinear properties of optical whispering-gallery modes [J]. Physics Letters A, 1989, 137 (7-8): 393-397.

[231] Dubreuil N, Knight J C, Leventhal D K, et al. Eroded monomode optical fiber for whispering-gallery mode excitation in fused-silica microspheres [J]. Optics Letters, 1995, 20 (8): 813-815.

[232] Griffel G, Arnold S, Taskent D, et al. Morphology-dependent resonances of a microsphere-optical fiber system [J]. Optics Letters, 1996, 21 (10): 695-697.

[233] Serpengüzel A, Arnold S, Griffel G. Excitation of resonances of microspheres on an optical fiber [J]. Optics Letters, 1995, 20 (7): 654-656.

[234] Ilchenko V S, Yao X S, Maleki L. Pigtailing the high-Q microsphere cavity: A simple fiber coupler for optical whispering-gallery modes [J]. Optics Letters, 1999, 24 (11): 723-725.

[235] Dettmann C P, Morozov G V, Sieber M, et al. Unidirectional emission from circular dielectric microresonators with a point scatterer [J]. Physical Review A, 2009, 80 (6): 063813.

[236] Love J D, Henry W M, Stewart W J, et al. Tapered single-mode fibres and devices. Part 1: Adiabaticity criteria [J]. IEE Proceedings J (Optoelectronics), 1991, 138 (5): 343-354.

[237] Apalkov V M, Raikh M E. Directional emission from a microdisk resonator with a linear defect [J]. Physical Review B, 2004, 70 (19): 195317.

[238] Liu Y C, Xiao Y F, Jiang X F, et al. Cavity-QED treatment of scattering-induced free-space excitation and collection in high-Q whispering-gallery microcavities [J]. Physical Review A, 2012, 85 (1): 013843.

［239］ Shu F J, Zou C L, Sun F W. Perpendicular coupler for whispering-gallery resonators ［J］. Optics Letters, 2012, 37 (15): 3123-3125.

［240］ Liu S, Sun W, Wang Y, et al. End-fire injection of light into high-Q silicon microdisks ［J］. Optica, 2018, 5 (5): 612-616.

［241］ Bai X Q, Wang D N. Whispering-gallery-mode excitation in a microsphere by use of an etched cavity on a multimode fiber end ［J］. Optics Letters, 2018, 43 (22): 5512-5515.

［242］ Liu J, Chen W P, Wang D N, et al. A whispering-gallery-mode microsphere resonator on a no-core fiber tip ［J］. IEEE Photonics Technology Letters, 2018, 30 (6): 537-540.

［243］ Armani D K, Kippenberg T J, Spillane S M, et al. Ultra-high-Q toroid microcavity on a chip ［J］. Nature, 2003, 421 (6926): 925-928.

［244］ Lin N, Jiang L, Wang S, et al. Design and optimization of liquid core optical ring resonator for refractive index sensing ［J］. Applied Optics, 2011, 50 (20): 3615-3621.

［245］ Zamora V, Díez A, Andrés M V, et al. Refractometric sensor based on whispering-gallery modes of thin capillaries ［J］. Optics Express, 2007, 15 (19): 12011-12016.

［246］ Zhu D, Zhou Y, Yu X, et al. Radially graded index whispering gallery mode resonator for penetration enhancement ［J］. Optics Express, 2012, 20 (24): 26285-26291.

［247］ Ilchenko V S, Savchenkov A A, Matsko A B, et al. Dispersion compensation in whispering-gallery modes ［J］. JOSA A, 2003, 20 (1): 157-162.

［248］ Zhou Y, Yu X, Zhang H, et al. Metallic diffraction grating enhanced coupling in whispering gallery resonator ［J］. Optics Express, 2013, 21 (7): 8939-8944.

［249］ Moharam M G, Gaylord T K. Rigorous coupled-wave analysis of metallic surface-relief gratings ［J］. JOSA a, 1986, 3 (11): 1780-1787.

［250］ Feng S, Zhang X, Klar P J. Waveguide Fabry-Pérot microcavity arrays ［J］. Applied Physics Letters, 2011, 99 (5): 053119.

［251］ Vengurlekar A S. Optical properties of metallo-dielectric deep trench gratings: Role of surface plasmons and Wood-Rayleigh anomaly ［J］. Optics Letters, 2008, 33 (15): 1669-1671.

［252］ Rosenblatt D, Sharon A, Friesem A A. Resonant grating waveguide structures ［J］. IEEE Journal of Quantum Electronics, 1997, 33 (11): 2038-2059.

［253］ Sharon A, Rosenblatt D, Friesem A A. Narrow spectral bandwidths with grating waveguide structures ［J］. Applied Physics Letters, 1996, 69 (27): 4154-4156.

［254］ Xie Z, Feng S, Wang P, et al. Demonstration of a 3D radar-like SERS sensor micro-and nano-fabricated on an optical fiber ［J］. Advanced Optical Materials, 2015, 3 (9): 1232-1239.

［255］ Iannuzzi D, Deladi S, Gadgil V J, et al. Monolithic fiber-top sensor for critical environments and standard applications ［J］. Applied Physics Letters, 2006, 88 (5): 053501.

［256］ Yi F, Zhu H, Reed J C, et al. Thermoplasmonic membrane-based infrared detector ［J］. IEEE Photonics Technology Letters, 2013, 26 (2): 202-205.

［257］ Alves F, Grbovic D, Kearney B, et al. Bi-material terahertz sensors using metamaterial structures ［J］. Optics Express, 2013, 21 (11): 13256-13271.

［258］ Arnold S, Comunale J, Whitten W B, et al. Room-temperature microparticle-based persistent hole-burning spectroscopy [J]. JOSA B, 1992, 9 (5): 819-824.

[259] Li Y, Abolmaali F, Allen K W, et al. Whispering gallery mode hybridization in photonic molecules [J]. Laser & Photonics Reviews, 2017, 11 (2): 1600278.

[260] Mukaiyama T, Takeda K, Miyazaki H, et al. Tight-binding photonic molecule modes of resonant bispheres [J]. Physical Review Letters, 1999, 82 (23): 4623.

[261] Boriskina S V. Theoretical prediction of a dramatic Q-factor enhancement and degeneracy removal of whispering gallery modes in symmetrical photonic molecules [J]. Optics Letters, 2006, 31 (3): 338-340.

[262] Novotny L. Strong coupling, energy splitting, and level crossings: A classical perspective [J]. American Journal of Physics, 2010, 78 (11): 1199-1202.

[263] Ku J F, Chen Q D, Ma X W, et al. Photonic-molecule single-mode laser [J]. IEEE Photonics Technology Letters, 2015, 27 (11): 1157-1160.

[264] Ishii S, Baba T. Bistable lasing in twin microdisk photonic molecules [J]. Applied Physics Letters, 2005, 87 (18): 181102.

[265] Benyoucef M, Kiravittaya S, Mei Y F, et al. Strongly coupled semiconductor microcavities: A route to couple artificial atoms over micrometric distances [J]. Physical Review B, 2008, 77 (3): 035108.

[266] Grossmann T, Wienhold T, Bog U, et al. Polymeric photonic molecule super-mode lasers on silicon [J]. Light: Science & Applications, 2013, 2 (5): e82-e82.

[267] Yang C, Jiang X, Hua Q, et al. Realization of controllable photonic molecule based on three ultrahigh-Q microtoroid cavities [J]. Laser & Photonics Reviews, 2017, 11 (2): 1600178.

[268] Wang Y Y, Xu C X, Jiang M M, et al. Lasing mode regulation and single-mode realization in ZnO whispering gallery microcavities by the Vernier effect [J]. Nanoscale, 2016, 8 (37): 16631-16639.

[269] Ta V D, Chen R, Sun H. Coupled polymer microfiber lasers for single mode operation and enhanced refractive index sensing [J]. Advanced Optical Materials, 2014, 2 (3): 220-225.

[270] Nordlander P, Oubre C, Prodan E, et al. Plasmon hybridization in nanoparticle dimers [J]. Nano Letters, 2004, 4 (5): 899-903.

[271] Brandl D W, Mirin N A, Nordlander P. Plasmon modes of nanosphere trimers and quadrumers [J]. The Journal of Physical Chemistry B, 2006, 110 (25): 12302-12310.

[272] Urzhumov Y A, Shvets G, Fan J, et al. Plasmonic nanoclusters: A path towards negative-index metafluids [J]. Optics Express, 2007, 15 (21): 14129-14145.

[273] Hentschel M, Saliba M, Vogelgesang R, et al. Transition from isolated to collective modes in plasmonic oligomers [J]. Nano Letters, 2010, 10 (7): 2721-2726.

[274] Rakovich Y P, Donegan J F, Gerlach M, et al. Fine structure of coupled optical modes in photonic molecules [J]. Physical Review A, 2004, 70 (5): 051801.

[275] Hara Y, Mukaiyama T, Takeda K, et al. Heavy photon states in photonic chains of resonantly coupled cavities with supermonodispersive microspheres [J]. Physical Review Letters, 2005, 94 (20): 203905.

[276] Yang S, Astratov V N. Spectroscopy of coherently coupled whispering-gallery modes in size-matched bispheres assembled on a substrate [J]. Optics Letters, 2009, 34 (13): 2057-2059.

[277] Ng J, Chan C T. Size-selective optical forces for microspheres using evanescent wave excitation of whispering gallery modes [J]. Applied Physics Letters, 2008, 92 (25): 251109.

[278] Xiao J J, Ng J, Lin Z F, et al. Whispering gallery mode enhanced optical force with resonant tunneling excitation in the Kretschmann geometry [J]. Applied Physics Letters, 2009, 94 (1): 011102.

[279] Almaas E, Brevik I. Possible sorting mechanism for microparticles in an evanescent field [J]. Physical Review A, 2013, 87 (6): 063826.

[280] Astratov, V. N. U. S. Patent No. 9, 242, 248. Washington, DC: U. S. Patent and Trademark Office. (2016).

[281] Boriskina S V. Coupling of whispering-gallery modes in size-mismatched microdisk photonic molecules [J]. Optics Letters, 2007, 32 (11): 1557-1559.

[282] Peng B, Özdemir Ş K, Zhu J, et al. Photonic molecules formed by coupled hybrid resonators [J]. OpticsLetters, 2012, 37 (16): 3435-3437.

[283] Siegle T, Schierle S, Kraemmer S, et al. Photonic molecules with a tunable inter-cavity gap [J]. Light: Science & Applications, 2017, 6 (3): e16224-e16224.

[284] Wang J, Yin Y, Hao Q, et al. Strong coupling in a photonic molecule formed by trapping a microsphere in a microtube cavity [J]. Advanced Optical Materials, 2018, 6 (1): 1700842.

[285] Grudinin I S, Lee H, Painter O, et al. Phonon laser action in a tunable two-level system [J]. Physical Review Letters, 2010, 104 (8): 083901.

[286] Boriskina S V. Spectral engineering of bends and branches in microdisk coupled-resonator optical waveguides [J]. Optics Express, 2007, 15 (25): 17371-17379.

[287] Boriskina S V. Photonic molecules and spectral engineering [J]. Photonic Microresonator Research and Applications, 2010: 393-421.

[288] Li Q, Wang T, Su Y, et al. Coupled mode theory analysis of mode-splitting in coupled cavity system [J]. Optics Express, 2010, 18 (8): 8367-8382.

[289] Xiao Y F, Min B, Jiang X, et al. Coupling whispering-gallery-mode microcavities with modal coupling mechanism [J]. IEEE Journal of Quantum Electronics, 2008, 44 (11): 1065-1070.

[290] Boriskina S V, Benson T M, Sewell P D, et al. Directional emission, increased free spectral range, and mode $ Q $-factors in 2-D wavelength-scale optical microcavity structures [J]. IEEE Journal of Selected Topics in Quantum Electronics, 2006, 12 (6): 1175-1182.

[291] Nakagawa A, Ishii S, Baba T. Photonic molecule laser composed of GaInAsP microdisks [J]. Applied Physics Letters, 2005, 86 (4): 041112.

[292] Smotrova E I, Nosich A I, Benson T M, et al. Optical coupling of whispering-gallery modes of two identical microdisks and its effect on photonic molecule lasing [J]. IEEE Journal of Selected Topics in Quantum Electronics, 2006, 12 (1): 78-85.

[293] Möller B, Woggon U, Artemyev M V. Photons in coupled microsphere resonators [J]. Journal of Optics A: Pure and Applied Optics, 2006, 8 (4): S113.

[294] Boriskina S V. Spectrally engineered photonic molecules as optical sensors with enhanced sensitivity: A proposal and numerical analysis [J]. JOSA B, 2006, 23 (8): 1565-1573.

[295] Ishii S, Nakagawa A, Baba T. Modal characteristics and bistability in twin microdisk photonic molecule lasers [J]. IEEE Journal of Selected Topics in Quantum Electronics, 2006, 12 (1): 71-77.

[296] Kanaev A V, Astratov V N, Cai W. Optical coupling at a distance between detuned spherical cavities [J]. AppliedPhysics Letters, 2006, 88 (11): 111111.

[297] Zhu J, Özdemir Ş K, He L, et al. Controlled manipulation of mode splitting in an optical microcavity by two Rayleigh scatterers [J]. Optics Express, 2010, 18 (23): 23535-23543.

[298] Stockman M I. Dark-hot resonances [J]. Nature, 2010, 467 (7315): 541-542.

[299] Sönnichsen C, Reinhard B M, Liphardt J, et al. A molecular ruler based on plasmon coupling of single gold and silver nanoparticles [J]. Nature Biotechnology, 2005, 23 (6): 741-745.

[300] 唐水晶, 李贝贝, 肖云峰. 回音壁模式光学微腔传感 [J]. 物理, 2019, 48 (3): 137-147.

[301] Zhou Y, Ding W, Gu B, et al. Power transfer mechanism of metallic grating coupled whispering gallery microsphere resonator [J]. Optics Letters, 2015, 40 (9): 1908-1911.

[302] Zhan Y, Liu Q, Feng S, et al. Photonic molecules stacked on multicore optical fiber for vapor sensing [J]. Applied Physics Letters, 2020, 117 (17): 171107.

[303] Ellison C J, Torkelson J M. The distribution of glass-transition temperatures in nanoscopically confined glass formers [J]. NatureMaterials, 2003, 2 (10): 695-700.

[304] Roth C B. Polymers under nanoconfinement: Where are we now in understanding local property changes? [J]. Chemical Society Reviews, 2021.

[305] Han Y, Huang X, Rohrbach A C W, et al. Comparing refractive index and density changes with decreasing film thickness in thin supported films across different polymers [J]. The Journal of Chemical Physics, 2020, 153 (4): 044902.

[306] Giermanska J, Jabrallah S B, Delorme N, et al. Direct experimental evidences of the density variation of ultrathin polymer films with thickness [J]. Polymer, 2021, 228: 123934.

[307] Unni A B, Vignaud G, Chapel J P, et al. Probing the density variation of confined polymer thin films via simple model-independent nanoparticle adsorption [J]. Macromolecules, 2017, 50 (3): 1027-1036.

[308] Nestler P, Helm C A. Determination of refractive index and layer thickness of nm-thin films via ellipsometry [J]. Optics Express, 2017, 25 (22): 27077-27085.

[309] Cariou J M, Dugas J, Martin L, et al. Refractive-index variations with temperature of PMMA and polycarbonate [J]. Applied Optics, 1986, 25 (3): 334-336.

[310] Beaucage G, Composto R, Stein R S. Ellipsometric study of the glass transition and thermal expansion coefficients of thin polymer films [J]. Journal of Polymer Science Part B: Polymer Physics, 1993, 31 (3): 319-326.

[311] Kim H, Cang Y, Kang E, et al. Direct observation of polymer surface mobility via nanoparticle vibrations [J]. Nature Communications, 2018, 9 (1): 1-11.

[312] Yang Z, Fujii Y, Lee F K, et al. Glass transition dynamics and surface layer mobility in unen-

tangled polystyrene films [J]. Science, 2010, 328 (5986): 1676-1679.

[313] Reiter G. Dewetting as a probe of polymer mobility in thin films [J]. Macromolecules, 1994, 27 (11): 3046-3052.

[314] Fakhraai Z, Forrest J A. Probing slow dynamics in supported thin polymer films [J]. Physical Review Letters, 2005, 95 (2): 025701.

[315] Backman V, Wallace M B, Perelman L T, et al. Detection of preinvasive cancer cells [J]. Nature, 2000, 406 (6791): 35-36.

[316] Park Y K, Diez-Silva M, Popescu G, et al. Refractive index maps and membrane dynamics of human red blood cells parasitized by Plasmodium falciparum [J]. Proceedings of the National Academy of Sciences, 2008, 105 (37): 13730-13735.

[317] Kreysing E, Hassani H, Hampe N, et al. Nanometer-resolved mapping of cell-substrate distances of contracting cardiomyocytes using surface plasmon resonance microscopy [J]. ACS Nano, 2018, 12 (9): 8934-8942.

[318] Vazquez-Estrada O, Acevedo-Barrera A, Nahmad-Rohen A, et al. Analysis of wavelength-scale 1D depth-dependent refractive-index gradients at an interface by their effects on the internal reflectance near the critical angle [J]. Optics Letters, 2021, 46 (19): 4801-4804.

[319] Knöner G, Parkin S, Nieminen T A, et al. Measurement of the index of refraction of single microparticles [J]. Physical Review Letters, 2006, 97 (15): 157402.

[320] McGrory M R, King M D, Ward A D. Using Mie Scattering todetermine the wavelength-dependent refractive index of polystyrene beads with changing temperature [J]. The Journal of Physical Chemistry A, 2020, 124 (46): 9617-9625.

[321] Jones S H, King M D, Ward A D. Determining the unique refractive index properties of solid polystyrene aerosol using broadband Mie scattering from optically trapped beads [J]. Physical Chemistry Chemical Physics, 2013, 15 (47): 20735-20741.

[322] Van Der Pol E, Coumans F A W, Sturk A, et al. Refractive index determination of nanoparticles in suspension using nanoparticle tracking analysis [J]. NanoLetters, 2014, 14 (11): 6195-6201.

[323] Kim K, Park Y K. Tomographic active optical trapping of arbitrarily shaped objects by exploiting 3D refractive index maps [J]. Nature Communications, 2017, 8 (1): 1-8.

[324] Jones S H, King M D, Ward A D. Atmospherically relevant core-shell aerosol studied using optical trapping and Mie scattering [J]. Chemical Communications, 2015, 51 (23): 4914-4917.

[325] Sasaki T, Shimizu A, Mourey T H, et al. Glass transition of small polystyrene spheres in aqueous suspensions [J]. The Journal of Chemical Physics, 2003, 119 (16): 8730-8735.

[326] Kim J H, Jang J, Zin W C. Thickness dependence of the glass transition temperature in thin polymer films [J]. Langmuir, 2001, 17 (9): 2703-2710.

[327] Bastelberger S, Krieger U K, Luo B P, et al. Time evolution of steep diffusion fronts in highly viscous aerosol particles measured with Mie resonance spectroscopy [J]. The Journal of Chemical Physics, 2018, 149 (24): 244506.

［328］ Moridnejad A，Preston T C，Krieger U K. Tracking water sorption in glassy aerosol particles using morphology-dependent resonances ［J］. The Journal of Physical Chemistry A，2017，121 (42)：8176-8184.

［329］ Ediger M D，Forrest J A. Dynamics near free surfaces and the glass transition in thin polymer films：a view to the future ［J］. Macromolecules，2014，47 (2)：471-478.

［330］ Forrest J A，Dalnoki-Veress K，Stevens J R，et al. Effect of free surfaces on the glass transition temperature of thin polymer films ［J］. Physical Review Letters，1996，77 (10)：2002.

［331］ Sharp J S，Forrest J A. Free surfaces cause reductions in the glass transition temperature of thin polystyrene films ［J］. Physical Review Letters，2003，91 (23)：235701.